计算机类精品系列教材

Python 程序设计

李俊　刘秀玲　主编

刘晓光　娄存广　梁铁　副主编

电子工業出版社·

Publishing House of Electronics Industry

北京 · BEIJING

内 容 简 介

本书由浅入深、循序渐进地介绍了 Python 程序设计的思路和方法，通过趣味性强的精彩案例融汇每一章知识点，从而增强读者的学习兴趣，培养读者的自主学习能力和独立思考能力，并提高读者的计算思维能力。全书共分为 10 章，包括 Python 简介、基本数据类型与表达式、控制结构、组合数据类型与字符串、函数、常用的标准库、文件、异常处理、面向对象和常用的第三方库。

本书内容翔实、案例新颖、结构清晰、重点明确，以丰富有趣的案例驱动知识点教学。本书适合作为高等院校计算机程序设计教材，也可以作为计算机程序设计培训教材、各种计算机等级考试的参考教材和 Python 程序设计爱好者的自学教材。

图书在版编目（CIP）数据

Python 程序设计 / 李俊，刘秀玲主编. —北京：电子工业出版社，2023.3

ISBN 978-7-121-45130-0

Ⅰ. ①P··· Ⅱ. ①李··· ②刘··· Ⅲ. ①软件工具－程序设计 Ⅳ. ①TP311.561

中国国家版本馆 CIP 数据核字（2023）第 032087 号

责任编辑：孟　宇　　　　　特约编辑：田学清
印　　刷：三河市龙林印务有限公司
装　　订：三河市龙林印务有限公司
出版发行：电子工业出版社
　　　　　北京市海淀区万寿路 173 信箱　　　　邮编：100036
开　　本：787×1092　　1/16　　印张：15.25　　字数：371 千字
版　　次：2023 年 3 月第 1 版
印　　次：2023 年 3 月第 1 次印刷
定　　价：59.80 元

凡所购买电子工业出版社图书有缺损问题，请向购买书店调换。若书店售缺，请与本社发行部联系，联系及邮购电话：（010）88254888，88258888。

质量投诉请发邮件至 zlts@phei.com.cn，盗版侵权举报请发邮件至 dbqq@phei.com.cn。

本书咨询联系方式：mengyu@phei.com.cn。

前　言

　　Python 是目前国际上热度较高的一种程序设计语言，简单易学、可移植性好、具有较高的可扩展性和丰富的类库，既支持面向过程的函数编程，也支持面向对象的抽象编程。Python 是人工智能等大规模科学计算的常用程序设计语言，是科研人员必不可少的工具语言。

　　本书由浅入深、循序渐进地介绍了 Python 程序设计的思路和方法。全书共分为 10 章，包括 Python 简介、基本数据类型与表达式、控制结构、组合数据类型与字符串、函数、常用的标准库、文件、异常处理、面向对象和常用的第三方库。

　　本书内容翔实、案例新颖、结构清晰、重点明确、趣味性强、可操作性强，既适合有编程经验的读者学习，也适合零基础的初学者学习。

　　本书具有如下主要特点。

1．知识点精炼，适合短学时教学

　　现在各高校都在对各门课程进行学时压缩，而 Python 程序设计课程的知识点又很多，如何让读者在短时间内掌握 Python 程序设计的精髓呢？为了解决这个问题，作者对各个章节中的知识点进行了精简，把一些不常用甚至几乎用不到的知识点进行了删减。因此，本书能够满足短学时教学的需要。

2．案例新颖、趣味性强

　　书中的每个案例都由作者精心设计，趣味性较强。这些案例不仅可以提高读者学习的兴趣，而且可以使读者对所学知识点达到举一反三的效果，从而使读者更深刻地理解所学习的知识点。

3．通过精彩案例融合知识点

　　很多 Python 教材都是独立地介绍 Python 的知识点的，这样会使读者无法将 Python 的知识点融为一个整体。为了解决这个问题，本书不仅各个知识点都有案例讲解，而且每一章都有精彩案例将本章的知识点与前面各章的知识点综合起来，使读者能够直观地将这些知识点融为一体。

4．内容安排循序渐进、由易到难

　　本书内容安排循序渐进、由易到难，全书共分为 10 章。第 1 章简单介绍了 Python。第 2 章介绍了 Python 基本数据类型与表达式。第 3 章介绍了 Python 控制结构，包括顺序结构、分支结构和循环结构等。第 4 章介绍了 Python 组合数据类型与字符串。第 5 章介绍了函数，包括函数定义和函数调用等。第 6 章介绍了 Python 常用的标准库。第 7 章介绍了文件的相关操作。第 8 章介绍了异常处理。第 9 章介绍了 Python 面向对象编程方法。第 10 章介绍了 Python 常用的第三方库。

本书作者具有多年的 Python 人工智能开发经验以及相关专业本科生和研究生课程教学经验。本书由李俊进行总体设计。其中，刘秀玲和高静编写第 1～2 章；刘晓光和刘泽伟编写第 3～4 章；娄存广和张永昌编写第 5～6 章；梁铁和张浩然编写第 7～8 章；李俊编写第 9～10 章及附录，并负责全书的统稿。

由于作者水平有限，书中存在疏漏和不妥之处在所难免，敬请读者批评指正。

李　俊

2022 年 8 月

目 录

第1章

Python 简介

Python 是一门面向对象、解释型、弱类型的脚本语言，也是一门功能强大且完善的通用型语言，具有清晰的语法和强大的扩展性等特点。此外，Python 因代码简单且容易上手而深受广大科研人员和程序员喜爱。随着人工智能、物联网、云计算和大数据等新兴信息技术不断发展，Python 在诸多领域得到了进一步的应用，如利用 Python 进行数据挖掘与分析、网络服务、图像处理、游戏开发等工作。

本章主要介绍 Python 的产生、发展和特点，Python 的开发环境，以及如何运行和调试项目等内容。

本章重点：

- 熟悉 PyCharm 开发环境的使用。
- 掌握 Python 程序的运行与调试。

1.1 Python 的发展及特点

1.1.1 Python 的产生与发展

Python 由荷兰人 Guido van Rossum 于 1989 年创造，并用 C 语言编写编译器，即解释器。1991 年，第一个 Python 解释器诞生。第一版 Python 已经具有了：类（class）、函数（function）、异常处理（exception），包括列表（list）和字典（dictionary）在内的核心数据类型，以及以模块（module）为基础的拓展系统。

Python 语法很多来自 C 语言，同时又受到 ABC 语言的强烈影响。Python 不仅继承了 C 语言的一些语法规则，如使用和 C 语言相同的数学运算符、关系运算符等，而且也继承了 ABC 语言的一些语法规则，如强制缩进表示语句的逻辑关系等。

Python 从一开始就特别在意可拓展性。Python 不仅可以在高层直接引入.py 文件，还可以在底层引用 C 语言的库。Python 编程就好像使用钢构建房一样，程序员先规定好大的框架，然后在此框架下自由地拓展或更改。

　　Python 将许多机器层面上的细节隐藏，并交给解释器处理，使程序员可以将更多的时间用于思考程序的逻辑，而不是具体地实现细节。这一特点吸引了广大的科研人员和程序员，并使 Python 得到了迅猛发展。

　　在 1991 年第一个 Python 解释器诞生后，1991—1994 年，Python 增加了 lambda、map、filter 和 reduce。1999 年，Python 的 Web 框架之祖——Zope 1 发布。2000 年，Python 在 Zope1 基础上加入了内存回收机制，构成了现在 Python 框架的基础。2006 年，Python 2.5 诞生。2008 年，Python 3.0 诞生，Python 3.0 是一次重大的升级，为了避免产生历史问题，Python 3.0 没有考虑与 Python 2.x 的兼容。截至 2022 年 9 月，Python 已经更新到 3.11 版本。

1.1.2　Python 的特点

　　Python 是一种面向问题，结合了解释性、编译性、互动性和面向对象的高层次的脚本语言。相比其他编程语言，Python 代码具有很强的可读性和更具特色的语法结构。Python 的具体特点如下。

1．语法简单

　　和传统的 C/C++、C#、Java 等语言相比，Python 对代码格式的要求没有那么严格，这种宽松使用户在编写代码时比较舒服，初学者入门比较容易。

2．免费、开源

　　开源，即开放源代码，所有用户都可以看到源代码。Python 的开源体现在以下两方面。

　　（1）由于 Python 是一种解释型的脚本语言，所以由 Python 编写的代码都是开源的。

　　（2）Python 解释器和模块也是开源的，所有 Python 用户都可以参与改进 Python 的性能，修补 Python 的漏洞。

　　开源并不等于免费，开源软件和免费软件是两个概念，只不过大多数的开源软件也是免费软件。Python 既开源又免费。

3．较强的封装性

　　Python 是一门面向对象的编程语言，支持面向对象编程的封装、继承和多态 3 种特性。Python 隐藏了很多底层细节，如 Python 会自动分配和回收内存。

4．跨平台性

　　解释型语言一般都是跨平台的，具有可移植性好的特点。Python 作为一种解释型的脚本语言，同样具有跨平台特性。Python 脚本可以在 Windows 和 Linux 等多种平台下运行。

5．扩展性强

　　Python 的扩展性体现在它具有丰富的第三方库。Python 具有脚本语言中非常丰富和强大的类库，这些类库覆盖了文件 I/O、GUI、网络编程、数据库访问、文本操作等绝大部分应用场景。

1.2　Python 开发环境的搭建

　　在 Python 的学习过程中，IDE 代码编辑器是不可缺少的。IDE（Integrated Development

Environment）的中文名称为集成开发环境，用于编写代码。IDE 能帮助程序员加快 Python 的开发速度，提高编程效率。高效的 IDE 代码编辑器能提供多种辅助插件和工具，具有帮助程序员高效开发的特性。

常见的 Python 代码编辑器有 PyCharm、Sublime Text、Visual Studio Code、Spyder 和 Python 自带的 IDLE 开发工具。本书中的代码均在 Windows 10 操作系统和 PyCharm 开发工具下开发并运行。

1.2.1　Python 的下载与安装

在开发 Python 代码之前，首先需要通过 Python 网站下载与安装 Python 解释器，具体步骤如下。

打开 Python 官网，在页面中选择"Download"下的最新版本号，本书采用 Python 3.9.6 作为示例进行讲解，如图 1-1 所示。

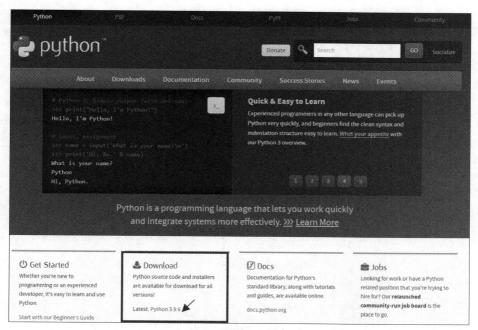

图 1-1　下载 Python 3.9.6

在新页面中单击"Windows installer（64-bit）"链接即可下载 Python 3.9.6，如图 1-2 所示。

下载 Python 3.9.6 后，双击 Python-3.9.6-amd64.exe 文件，并在弹出界面中勾选"Add Python 3.9 to PATH"复选框，如图 1-3（a）所示。之后，选择界面中的"Install Now"选项开始并完成安装，如图 1-3（b）所示。

Python 是一种解释型的脚本编程语言，支持以下两种代码运行方式：

- 交互式编程：在命令行窗口直接输入代码，按下回车键就可以运行代码并查看结果，执行完一行代码后可以继续输入下一行代码，再次按下回车键查看结果。
- 编写源文件：将所有的代码放在源文件中，让编辑器逐行读取并执行源文件中的代码，即批量执行代码。这是最常见的代码运行方式。

Version	Operating System	Description	MD5 Sum	File Size	GPG
Gzipped source tarball	Source release		798b9d3e866e1906f6e32203c4c560fa	25640094	SIG
XZ compressed source tarball	Source release		ecc29a7688f86e550d29dba2ee66cf80	19051972	SIG
macOS 64-bit Intel installer	macOS	for macOS 10.9 and later	d714923985e0303b9e9b037e5f7af815	29950653	SIG
macOS 64-bit universal2 installer	macOS	for macOS 10.9 and later, including macOS 11 Big Sur on Apple Silicon (experimental)	93a29856f5863d1b9c1a45c8823e034d	38033506	SIG
Windows embeddable package (32-bit)	Windows		5b9693f74979e86a9d463cf73bf0c2ab	7599619	SIG
Windows embeddable package (64-bit)	Windows		89980d3e54160c10554b01f2b9f0a03b	8448277	SIG
Windows help file	Windows		91482c82390caa62accfdacbcaabf618	6501645	SIG
Windows installer (32-bit)	Windows		90987973d91d4e2cddb86c4e0a54ba7e	24931328	SIG
Windows installer (64-bit)	Windows	Recommended	ac25cf79f710bf31601ed067ccd07deb	26037888	SIG

图 1-2　下载 Windows 系统的 Python 3.9.6

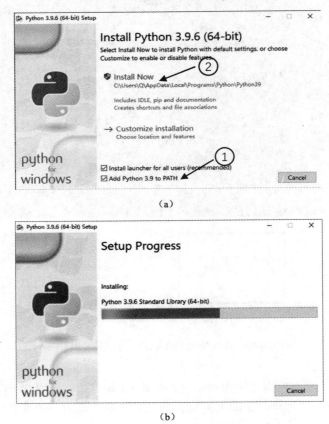

（a）

（b）

图 1-3　Python 3.9.6 的安装界面

下面以 PyCharm 为例，介绍如何运行 Python 程序。

1. 交互式编程

PyCharm 启动后，在界面下方单击"Python Console"按钮，看到>>>提示符即可输入代码。具体操作将在下一节进行讲解。

注意：在交互式编程环境中可以输入任何复杂的表达式，可以将其看成一个功能强大的计算器。但是复杂代码的实现或项目的开发一般不选择该方法。

2. 编写源文件

Python 源文件的后缀为.py，是一种纯文本文件，可以用任何文本编辑器打开它。选中源文件并右击，选择"打开方式"命令，通常 Windows 系统下用记事本打开并查看代码，或者选择 PyCharm 来运行代码。

1.2.2　PyCharm 的下载与安装

安装 Python 3.9.6 解释器后，虽然 Python 3.9.6 自带一个 IDLE 代码编辑器，但在代码编辑辅助功能方面还不够完善。PyCharm 是由 JetBrains 公司研发，用于开发 Python 代码的 IDE 工具，本书代码均在 PyCharm 开发环境下编写并运行。下面介绍 PyCharm 的下载与安装。

首先，打开 PyCharm 官网，在页面中单击"DOWNLOAD"按钮，进入下载页面，如图 1-4 所示，下载 PyCharm。

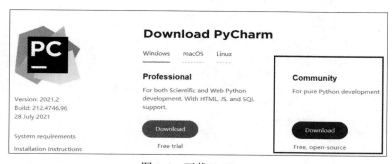

图 1-4　下载 PyCharm

PyCharm 有 Professional（专业版）和 Community（社区版）两个版本，其中专业版是收费的，社区版是免费的，对初学者来说，下载社区版即可。

下载 PyCharm 后，双击下载文件，进入 PyCharm 的安装界面，如图 1-5 所示。单击"Next"按钮，弹出选择安装位置界面，如图 1-6 所示。

图 1-5　PyCharm 的安装界面

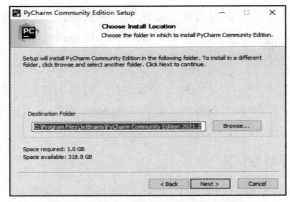

图 1-6　PyCharm 的选择安装位置界面

继续单击"Next"按钮，弹出安装选项界面，如图 1-7 所示。在此界面中，可以进行一些基本设置，如勾选"PyCharm Community Edition"复选框后，会创建桌面快捷方式；勾选".py"复选框后，双击计算机中的.py 文件，系统会默认使用 PyCharm 打开。

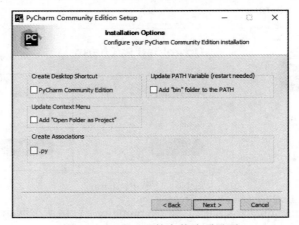

图 1-7　PyCharm 的安装选项界面

继续单击"Next"按钮，弹出选择开始菜单界面，如图 1-8 所示。在此界面中单击"Install"按钮完成 PyCharm 的安装。

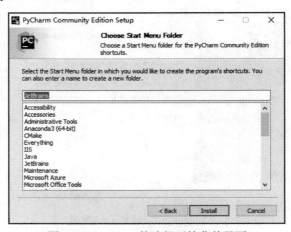

图 1-8　PyCharm 的选择开始菜单界面

1.2.3　PyCharm 的使用

双击 PyCharm 图标 ，启动 PyCharm，如图 1-9 所示，可以进行 Python 代码的编辑、运行与调试。

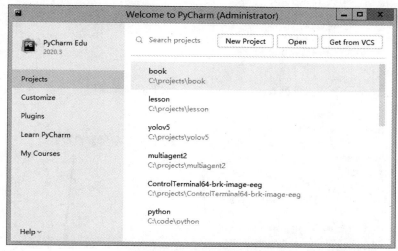

图 1-9　PyCharm 启动界面

下面将详细介绍 PyCharm 的用法。

1．新建项目

在图 1-9 所示的界面中，单击"New Project"按钮，新建一个 PyCharm 项目，弹出如图 1-10 所示的新建项目界面，并在"Location："后面的文本框中输入项目所在文件夹路径，通常选择默认路径。单击"Create"按钮，生成新的项目，弹出如图 1-11 所示的 PyCharm 开发界面。

注意：路径中不能包含中文，不能以数字开头，必须是一个空的文件夹。

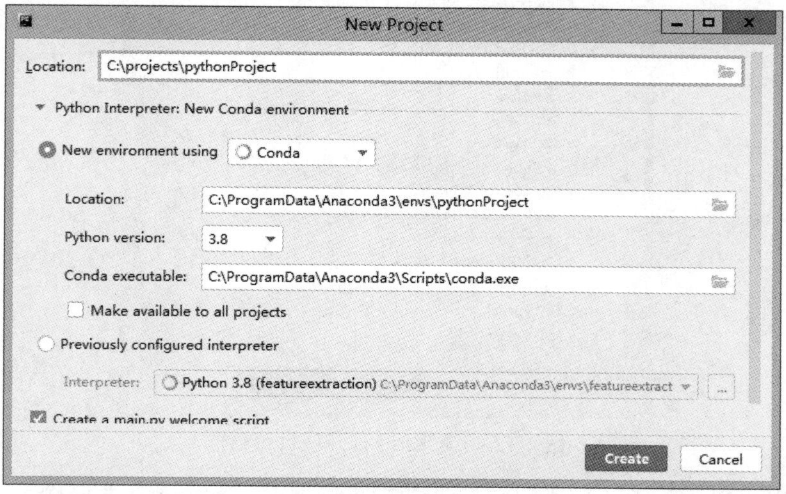

图 1-10　新建项目界面

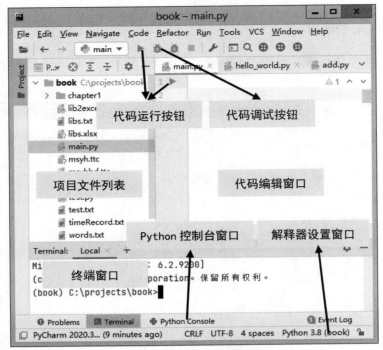

图 1-11　PyCharm 开发界面

2. 打开项目

在 PyCharm 开发界面中，可以选择 "File" → "Open…" 命令，弹出如图 1-12 所示的对话框，通过选择项目所在的文件夹可以打开一个 PyCharm 项目。

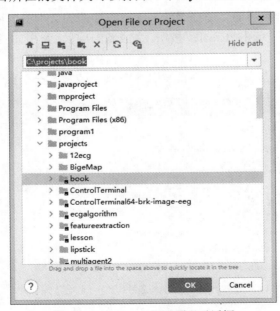

图 1-12　PyCharm 打开项目对话框

此外，也可以通过 PyCharm 开发界面的 "File" → "Settings…" 命令，设置 PyCharm 的基本参数，如设置 PyCharm 的主题，如图 1-13 所示。

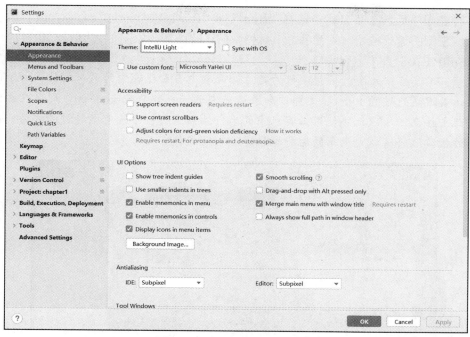

图 1-13 设置 PyCharm 的主题

3. 代码运行

安装好 Python 和 PyCharm 后，就可以编写并运行第一个程序了。

在编写第一个程序之前，先在 PyCharm 开发界面中，选择"File"→"New Project"命令，创建一个名为 chapter1 的文件夹，用来存储创建的项目文件。随后选择"File"→"New"命令，创建文件。最后选择"Python File"命令，如图 1-14 所示，并将该文件命名为"hello_world"，按回车键即可生成文件。文件扩展名.py 表示文件中的代码是由 Python编写的，如图 1-15 所示。

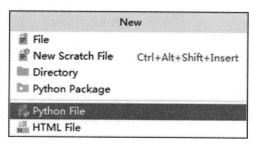

图 1-14 选择"Python File"命令

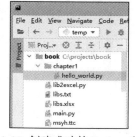

图 1-15 创建成功的 Python 文件

在代码编辑窗口中编写 Python 代码，如图 1-16 所示。

图 1-16 代码编辑窗口

编写好程序后，在菜单栏中选择"Run"→"Run'hello_world'"命令，或者单击代码编辑窗口左侧的运行按钮，或者单击工具栏中的运行按钮，如图 1-17 所示。也可以使用快捷键"Shift+F10"直接运行程序。

注意：工具栏中的运行按钮运行的是左侧列表中当前已选中的运行文件，由于该列表中只显示最近运行过的 Python 文件，如果第一次运行一个 Python 文件，那么在左侧列表中没有此文件名，所以无法使用工具栏中的运行按钮运行一个没有运行过的文件。此时，可以通过代码编辑窗口左上角的运行按钮运行当前文件。

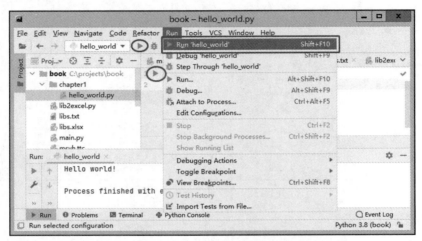

图 1-17　运行 Python 代码

随后，在 PyCharm 开发界面下方会出现一个运行窗口，输出 Python 代码运行的结果，如图 1-18 所示。

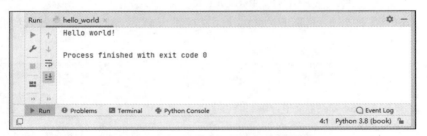

图 1-18　输出 Python 代码运行结果的窗口

若程序有语法错误，则在运行窗口中会显示出错信息。单击窗口下方的"Problems"按钮，即可查看详细错误，如图 1-19 所示。

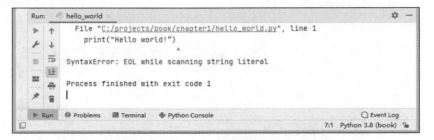

图 1-19　输出 Python 代码错误的窗口

此外，还可以使用 Python 控制台运行代码，这种方式主要用于简单程序的交互执行和代码的验证及测试。输入一条语句或表达式后立即运行，会在下一行显示运行结果。

在 PyCharm 开发界面下方单击"Python Console"按钮，即可出现如图 1-20 所示的 Python 窗口。左侧区域为按钮选择区，由上到下依次为清空控制台、停止运行、开始运行、开始调试按钮。中间区域为代码输入区，用"＞＞＞"作为提示符，指示 Python 表达式或语句，按回车键即可得到运算结果。右侧区域为 Python 控制台中所有变量的显示区。

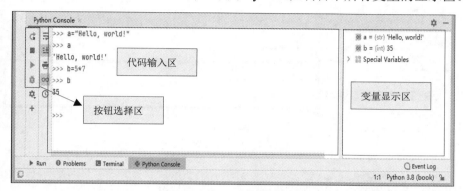

图 1-20　Python 控制台窗口

4．代码调试

新建一个名为 add.py 的文件，在代码编辑窗口输入以下程序。

```
a=[1,2,3,4]
b=[5,6,7,8]
c=a+b
print(c)
```

在调试代码之前，通常需要设置断点。断点一般设置在循环和条件判断的表达式或程序的关键点处。

设置断点的方法如下：（1）将光标移动到需要设置断点的行，按快捷键"Ctrl+F8"。（2）直接单击代码编辑处左侧边缘。若要取消断点，重复上述操作即可。

设置好断点后，即可开始调试，单击工具栏上的调试按钮或按快捷键"Ctrl+F9"。调试开始后，当前正在执行的代码会显示为高亮区域。调试的程序运行到高亮区域上一行即被断点拦停。调试得到的结果如图 1-21 所示。

调试开始后，界面下方将弹出调试结果显示框，并且提供了"Variables"窗口，调试步骤中涉及的变量均可在该窗口中进行查看（见图 1-21）。同时，在调试过程中，可以通过跟踪按钮区的按钮进行跟踪，各个跟踪按钮的功能如下。

　：或按 F8 键，表示跨过当前语句。

　：或按 F7 键，表示步入当前调用的代码内部。

　：或按快捷键"Alt+Shift+F7"，表示跳入当前调用的代码继续调试。

　：或按快捷键"Alt+Shift+F7"，表示强制跳入当前调用的代码。

　：或按快捷键"Shift+F8"，表示跳出当前跳入的调用代码。

　：或按快捷键"Alt+F9"，表示跳转到当前光标所在位置处的代码。

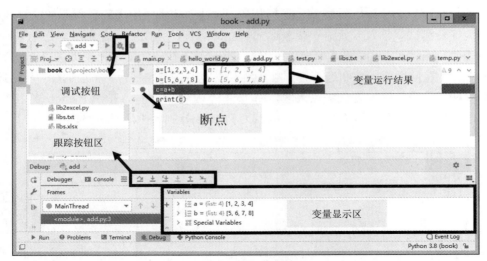

图 1-21   代码调试结果

1.3   Python 语法特点

学习 Python 之前需要先了解其基本的语法特点，如注释规则和代码缩进等。下面将对这些语法进行详细介绍。

1.3.1   注释规则

在编程语言中，注释对理解、读取代码等来说非常重要。注释就是用自然语言在程序中进行说明，注释的内容会被 Python 解释器忽略。

编写注释的主要目的是阐述代码的作用、代码运行过程等，尤其是当程序越来越复杂时，通过注释来对代码进行说明，当再次调用代码时将节约很多时间。除此之外，注释有助于调试程序。当程序报错时，如果觉得某段代码有问题，则可以将其注释起来再运行，若程序正常运行，则说明错误是由这段代码引起的。在调试过程中，使用注释可以缩小错误范围，提高调试效率。

Python 中的注释主要分为两种，第一种是单行注释，第二种是多行注释。

1. 单行注释

在 Python 中，单行注释用"# "来标识。从"# "开始至本行结束，所有的内容都会被解释器忽略。

```python
# 使用print输出字符串
print('Hello,world!')
print('I love Python!')
```

运行结果：

```
Hello,world!
I love Python!
```

即第一行内容被解释器忽略。

注意：如果要对多行语句进行注释，则可以全选中后使用快捷键"Ctrl+/"，再按一次会取消选中部分的注释。

2．多行注释

在 Python 中，多行注释用 3 个单引号或 3 个双引号来标识，使用 3 个单引号或双引号分别作为注释的开头和结尾，即可一次性注释多行内容，引号中间的内容会被解释器忽略。

多行注释通常用来注释 Python 文件、模块、类或函数等描述信息。

```
'''
多行注释
你好，世界！
'''
print('Hello,world! ')
```

运行结果：

```
Hello,world!
```

```
""" """
多行注释
你好，世界！
""" """
print('Hello,world! ')
```

运行结果：

```
Hello,world!
```

在实际应用中，编写清晰、简洁的代码是一个优秀的程序员必备的基本技能。本书的示例将在重要部分通过注释对代码的工作原理、所起作用进行阐述，希望读者能在平时学习中多加练习。

1.3.2　代码缩进

缩进是 Python 编程中非常重要的部分。在 Python 中，对于类定义、函数定义、流程控制语句、异常处理语句等，行尾的冒号和下一行的缩进表示下一个代码块的开始，缩进的结束表示此代码块的结束。Python 通过缩进来判断当前代码行与前一个代码行的逻辑关系，这样能让代码更加整洁清晰。

在 Python 中，代码的缩进可以使用空格或 Tab 键实现。通常采用 4 个空格长度作为一个缩进量（一个 Tab 键就表示 4 个空格）。PyCharm 有自动缩进的机制，即输入"："之后，按回车键将会自动缩进。

Python 对代码的缩进要求非常严格，同一个级别的代码的缩进量必须一样，否则解释器会报错。例如：

```
age=int(input("请输入年龄:"))
if age<=18:
    print("该同学的年龄为: "+str(age))
     print("该同学未成年")
```

可以看出两个 print 语句同属于 if 语句作用域，但是它们的缩进量分别为 4 个空格和 5 个空格，这会导致出现 SyntaxError 异常错误。将第二个 print 语句的缩进量改为 4 个空格即可正常运行。

```python
age=int(input("请输入年龄:"))
if age<=18:
    print("该同学的年龄为: "+str(age))    # 两个 print 语句均为 if 语句作用域下的语句
    print("该同学未成年")
```

运行结果：

```
请输入年龄: 17
该同学的年龄为: 17
该同学未成年
```

如果缩进位置不同，那么也将导致代码产生不同的执行效果。

```python
age=int(input("请输入年龄:"))
if age<=18:
    print("该同学的年龄为: "+str(age))
print("该同学已成年")       # 与上述代码不同，第二个 print 语句和 if 语句为同一逻辑层
```

运行结果：

```
请输入年龄: 17
该同学的年龄为: 17
该同学已成年
```

1.4   精彩案例

本节将通过两个精彩案例来展示 Python 的应用。具体讲解将在后续章节展开。

【例 1-1】输出指定范围内的所有质数。代码和运行结果如下。

```python
a=int(input("请输入区间最小值: "))
b=int(input("请输入区间最大值: "))
for number in range(a,b+1):
    if number>1:
        for i in range(2,number):
            if number%i==0:
                break
        else:
            print(number)
```

按照下面的数据输入：

```
请输入区间最小值: 1
请输入区间最大值: 10
```

运行结果：

```
2
3
```

```
5
7
```

【例 1-2】编写一个函数，判断三个数能否构成一个三角形，如果可以构成三角形，则指出可以构成哪种类型的三角形。代码和运行结果如下。

```
def triangle(a,b,c):
    if(a+b>c and a+c>b and b+c>a):
        if(a==b==c):
            print("这三个数可以构成等边三角形")
        elif(a==b or a==c or b==c):
            print("这三个数可以构成等腰三角形")
        elif(a**2+b**2==c**2 or a**2+c**2==b**2 or b**2+c**2==a**2):
            print("这三个数可以构成直角三角形")
        else:
            print("这三个数可以构成普通三角形")
    else:
        print("这三个数不能构成三角形")
x=int(input("第一个数："))
y=int(input("第二个数："))
z=int(input("第三个数："))
triangle(x,y,z)
```

按照下面的数据输入：

```
第一个数：3
第二个数：4
第三个数：5
```

运行结果：

```
这三个数可以构成直角三角形
```

本章小结

本章介绍了 Python 的产生、发展及特点，Python 开发环境的搭建，以及一些基本的操作，如新建项目、打开项目、代码的运行与调试等，还介绍了 Python 的注释规则和缩进规则等基本语法。

通过本章的学习，读者应该对 Python 的特点及应用有了一个初步的认识，并通过几个简单的示例，体会了 Python 代码的用法。本章需要读者熟悉并掌握 Python 开发环境的应用、Python 代码的运行与调试。

习题

一、简答题

1. 简述 Python 的主要应用领域。
2. 简述 Python 的优点。

3．简述 Python 的两种运行代码的方式。

4．当程序出现语法错误时，如何进行查看？

5．Python 源文件的后缀是什么？

二、选择题

1．Python 语言属于（ 　 ）。

    A．机器语言   B．汇编语言

    C．高级语言   D．科学计算语言

2．关于 Python 注释，以下选项中描述错误的是（ 　 ）。

    A．Python 注释语句不被解释器过滤掉，也不被执行

    B．注释可以用于表明作者和版权信息等内容

    C．注释可以辅助程序调试

    D．注释可以用于解释代码原理或用途

3．关于 PyCharm 调试，以下选项中描述错误的是（ 　 ）。

    A．可以实现单步跟踪调试

    B．可以实现断点调试

    C．可以直接跳转到光标所在行

    D．单击运行按钮时，会在断点代码行暂停

4．关于 Python 的注释方式，以下选项中描述错误的是（ 　 ）。

    A．Python 有两种注释方式，单行注释和多行注释

    B．Python 的单行注释以单引号开头

    C．Python 的单行注释以"#"开头

    D．Python 的多行注释可以以 3 个双引号开头和结尾

5．关于 Python 缩进，以下选项中描述正确的是（ 　 ）。

    A．缩进仅能通过 Tab 键实现

    B．缩进可以用在任何语句之后，表示语句间的包含关系

    C．缩进不会影响程序结构，仅为了提高代码可读性

    D．缩进在程序中长度统一且强制使用

三、编程题

1．新建一个项目，用变量表示自己的名字并输出。

2．运行案例中的例 1-1 和例 1-2，并为其添加注释。

第 2 章

基本数据类型与表达式

计算机程序的主要任务是对数据进行处理和加工，如果没有数据，那么计算机程序将无法完成指定功能，因此数据在编程中具有重要地位。Python 编程就是利用 Python 的语法规则对计算机中的数据进行处理和加工。

本章主要介绍 Python 中常见的基本数据类型与表达式。

本章重点：

- 熟悉 Python 基本数据类型和运算符。
- 区分 Python 中常量和变量的概念及应用。
- 掌握 Python 中的输入/输出函数。

2.1 字符集与标识符

2.1.1 字符集

字符是各种文字和符号的总称，包括文字、标点符号、数字等，其表示方法被称为字符编码。字符编码的作用是将人类可识别的字符转换为机器可识别的字节，同一字符可进行多种形式的编码，而不同的编码形式占用的字节数也不同。

字符集就是字符和计算机存储的数值间存在的对应关系，如熟知的 ASCII 字符集、GBK 字符集、Unicode 字符集等。

ASCII 字符集的全称为美国标准信息交换码（American Standard Code for Information Interchange），其包括最基本的 128 个字符，即大小写字母、阿拉伯数字和常用符号，是最早也是最基本的字符集。ASCII 字符集适用于纯英文环境。

GBK 字符集为汉字内码扩展规范，是对 GB2312（信息交换用汉字编码字符集-基本集）的扩展。对汉字采用双字节编码，共收录 21003 个汉字和 883 个图形符号。GBK 字符集适用于繁简中文共存的环境。

Unicode 字符集是业界的一种标准，基于通用字符集的标准来发展。在 Unicode 编码中，1 个中文字符=2 字节，1 个英文字符=2 字节。Unicode 分为 UTF-32（占 4 字节）、UTF-16（占 2 字节）、UTF-8（占 1～4 字节）。Unicode 字符集适用于国际化环境，表示字符内部存储形式。其中，常用的是 UTF-8 可变长字符编码，它是 Unicode 编码的优化，所有的英文字符依然按照 ASCII 编码形式存储，即用 1 字节表示，所有的中文字符统一是 3 字节表示的。Python 本身的默认编码形式是 UTF-8。

2.1.2　标识符

标识符是编程时标识内容的名字，以建立名称与内容的关系，主要用于命名变量、函数、类、模块等。因此，命名应在符合规则的前提下，简短易懂。

```
stu_name="Li Ming"                      # 学生姓名
stu_score={80,85,76}                    # 学生科目分数
```

在命名标识符时，要遵循如下规则，违反这些规则将导致程序报错。

- 标识符的第一个字符必须是字母或下画线，如 users、_lesson 为合法的标识符，10Users 为不合法的标识符。

```
user_name                               # 合法的标识符
_lesson_                                # 合法的标识符
users<                                  # 不合法的标识符
5words                                  # 不合法的标识符
```

- 标识符的其他部分可以由字母、下画线或数字组成，多个字母之间由下画线分隔，不能包含除下画线以外的特殊字符，如 Unit1_lesson2 为合法的标识符，lesson1&lesson2 为不合法的标识符。

```
Unit1_lesson2                           # 合法的标识符
lesson1&lesson2                         # 不合法的标识符
a@b                                     # 不合法的标识符
```

- 标识符严格区分大小写。对两个相同的单词来说，如果大小写格式不同，则代表的意义是完全不同的。

```
name= " Li Ming "
Name= " Li Ming "
NAME= " Li Ming "
# 虽然以上均是单词 name，但是由于大小写格式不同，所以这三个变量是相互独立，毫无关联的
```

- 不可以使用 Python 系统关键字作为标识符，如 if、for、and、or 等关键字不能作为标识符。

```
for                                     # 不合法的标识符
For                                     # 合法的标识符
```

注意：目前而言，Python 变量名通常需要小写或仅首字母大写，因为大写字母在变量名中有特殊含义，这部分内容将在本章的后面进行讲解。

2.1.3　关键字

关键字是 Python 中已经被赋予特定意义的词。关键字在使用前不必定义，且使用时不

带括号。Python 中所有关键字都是区分大小写的，如"for"是关键字，但"FOR"就不是关键字。

Python 共有 33 个关键字。大致可分为以下几类。

（1）导入和转换：import、from、as。

（2）定义和释放：class、def、lambda、del、pass、global、nonlocal、return、yield。

（3）流程控制：while、for、if、else、elif、in、is、not、and、or、True、False、None、break、continue。

（4）异常和断言：with、raise、finally、try、except、assert。

关键字的具体含义如表 2-1 所示。本章仅对关键字进行简单说明，后续章节中将会逐渐引入各个关键字，并介绍其用法。

表 2-1　关键字的具体含义

关键字	关键字说明
import	导入模块，与 from 结合使用
from	导入模块，与 import 结合使用
as	类型转换
class	定义类
def	定义函数或方法
lambda	定义匿名函数
del	删除变量或序列的值
pass	空的类、方法或函数的占位符
global	定义全局变量
nonlocal	标识外部作用域的变量
return	从函数返回计算结果
yield	从函数依次返回值
while	while 循环语句
for	for 循环语句
if	条件语句，与 else、elif 结合使用
else	条件语句，与 if、elif 结合使用
elif	条件语句，与 if、else 结合使用
in	判断变量是否在序列中
is	判断变量是否为某个类的实例
not	表达式计算，逻辑非操作
and	表达式计算，逻辑与操作
or	表达式计算，逻辑或操作
True	布尔类型的值，表示真
False	布尔类型的值，表示假
None	表示什么也没有，在逻辑判断中被当作 False
break	中断循环语句的执行
continue	跳出本次循环，继续执行下一次循环

关键字	关键字说明
with	用于上下文，也可用来处理异常
raise	异常抛出操作
finally	出现异常后，始终执行 finally 包含的代码块，与 try、except 结合使用
try	包含可能会出现异常的语句，与 except、finally 结合使用
except	包含捕获异常后的操作代码块，与 try、finally 结合使用
assert	断言，用于判断变量或条件表达式的值是否为真，发生异常则判断值为假

2.2　基本数据类型

通常来说，数据类型是指变量值的类型，也就是可以为变量赋哪些值。不同类型数据的处理方法不同，所以需要对 Python 中的数据进行分类。Python 的基本数据类型主要分为整型、浮点型、复数型、布尔型、字符串型 5 种。

2.2.1　整型

整型（int）数据的值是整数，在程序中的表示方式和在数学中的表示方式一样。例如：1、100、–80 等。

注意：C 语言提供了 short、int、long、longlong 4 种类型的整数，它们的长度依次递增。而 Python 不同，它只有一种类型的整数，Python 整数的取值范围是无限的，不会出现数值溢出的情况。

在 Python 中可以使用多种进制表示整数，默认使用十进制表示整数，此外还可以使用二进制、八进制和十六进制表示整数，但要在整数前添加前缀进行区分。

1．十进制形式

我们平时所见的整数就是十进制形式，由 0～9 十个数字排列组合而成。

2．二进制形式

二进制形式的整数由 0 和 1 两个数字组成，书写时以 0b 或 0B 开头。例如，二进制 0B101 对应的十进制数是 5。

3．八进制形式

八进制形式的整数由 0～7 八个数字组成，书写时以 0o 或 0（数字 0）O（大写 o）开头，第一个符号为数字 0，第二个符号为大小写字母 o。例如，八进制 0o26 对应的十进制数是 22。

4．十六进制形式

十六进制形式的整数由 0～9 十个数字及 A～F（或 a～f）六个字母组成，书写时以 0x 或 0X 开头。例如，十六进制 0X45 对应的十进制数是 69。

```
number1=0b101
number2=0o26
number3=0x45
```

```
print(number1,number2,number3)
```

运行结果：

```
5 22 69
```

可以看出，运行结果均为十进制数。

2.2.2　浮点型

浮点型（float）数据用来描述带有小数点的数值，其表示方法有以下两种。

1．十进制形式

十进制形式即平时所说的小数形式，如 12.5、125.0 等。

2．指数形式

指数形式也称科学记数法，其表示方法为 aen 或 aEn 格式，等价于 $a*10^n$，其中 a 为尾数部分，是一个十进制实数；n 为指数部分，是一个十进制整数。后缀 e 或 E 后面的指数可以用 "+" 或 "-" 来表示指数的正负，正数可省略符号。例如：

1.2e-5=0.000012，其中 1.2 为尾数，-5 为指数。

1.2E4=12000，其中 1.2 为尾数，4 为指数。

12.e3=12000，其中 12 为尾数，3 为指数。

可以看出，1.2E4 和 12.e3 表示的是同一个浮点数，只是尾数和指数不同。

再来看下面的 3 个例子。

```
a=1.2e-7*0.00025
print(a)
b=0.0000000000000000000000023
print(b)
c=1.28E6*2.25E10
print(c)
```

运行结果：

```
3e-11
2.3e-21
2.88e+16
```

Python 能容纳极小和极大的浮点数。当输出浮点数时，会根据浮点数的长度和大小适当舍去一部分数字或采用科学记数法。

注意：C 语言提供了 float 和 double 两种类型的浮点数，但 Python 只有一种浮点数类型——float。

与浮点数有关的运算，有以下两个规律。

（1）两个任意整数相除时，结果总是浮点数。

```
print(10/3)
print(10/5)
```

运行结果：

```
3.3333333333333335
```

```
2.0
```

（2）对其他运算来说，只要有一个操作数是浮点数，不论是何种运算法则，得到的结果总是浮点数。

```
print(2+3.5)
print(5*5.0)
```

运行结果：

```
5.5
25.0
```

2.2.3　复数型

复数型（complex）数据的表示方法和数学中的表示方法一致，由实数部分和虚数部分构成。复数的语法结构为：a+bj，或者用 complex(a,b) 表示。

```
a=2+3j
b=complex(2,3)
print(a,b)
```

运行结果：

```
(2+3j) (2+3j)
```

对于特定的复数型数据，对应的实部、虚部和共轭复数可以通过以下代码直接获取。以上述复数 a 为例：

```
print(a.real)
print(a.imag)
print(a.conjugate())
```

运行结果：

```
2.0
3.0
(2-3j)
```

复数的数学运算在 Python 中可以正常求解。以上述复数 a 和 b 为例：

```
print(a+b)
print(a*b)
print(a/b)
```

运行结果：

```
(4+6j)
(-5+12j)
(1+0j)
```

2.2.4　布尔型

布尔型（bool）数据只有两个值，主要用来表示真或假的值，即 True 和 False。布尔型实际是整型的一个子类，True 相当于 1，False 相当于 0。当某值或某事件为正确时，用

True（或 1）表示；当某值或某事件为错误时，用 False（或 0）表示。

Python 中关系或逻辑表达式的结果为布尔值，即结果为 True 或 False。

```
print(2>20)
print(20>2)
```

运行结果：

```
False
True
```

条件比较运算的结果为布尔型数据，因此布尔型数据通常作为程序分支或循环的条件判断。在 Python 中，包括字符串、元组、字典等在内的所有对象都可以进行真假值的判断，只有下面列出的 4 种情况得到的值为假：

- False 或 None。
- Python 中值为 0 的数字。
- 空序列，包括空字符串、空数组、空列表和空字典。
- 自定义对象的实例，如_len_方法返回 0。

2.2.5 字符串型

字符串（string）是由若干独立字符组成的一串字符序列，字符串必须由双引号" "、单引号' '或三引号括起来。字符串的内容可以是字母、标点、中文等。以下示例均为合格的字符串：

```
"123456"
"我爱你, Python"
'Hello, \(@^O^@)/! '
'''hello world'''
"""你好! Python"""
```

字符串中的双引号和单引号没有任何区别，但是当字符串内容中出现引号时，需要进行特殊处理，否则程序将报错。例如：

```
print('I'm a student.')
```

Python 会将字符串中的单引号与第一个单引号配对，将'I'当成字符串，而后面的 m a student.内容将引起程序报错。为解决上述问题，有以下两个办法。

1. 对引号进行转义

在引号前面添加反斜线 "\" 对引号进行转义，让 Python 将其作为普通文本对待。

```
print('I\'m a student.')
```

2. 使用不同的引号包围字符串

如果字符串内容中出现了单引号，则选择使用双引号包围字符串内容，反之亦然。

```
print("I 'm a student. ")
print('她说："谢谢你。"')
```

2.3　常量与变量

2.3.1　常量

Python 没有内置的常量类型和专门的定义方式，通常以字母全部大写的形式来表示常量，即将特定变量视为常量，其值应始终不变。常量是指值不能被改变的量，如数字或字符串文本等。

```
PI=3.14159265359
MAX_SCORE=100
```

但实际上，从 Python 语法角度看，PI 和 MAX_SCORE 仍是变量，当给它们重新赋值时并不会报错。所以，用全部字母大写的变量名表示常量只是习惯用法。

2.3.2　变量

变量是计算机中内存的区域，用于存储数据，其值可以随时被改变，但需要能访问这些变量的方法，因此需要给变量命名。在 Python 中，变量的概念和数学中的方程变量的概念一致，不同之处在于 Python 中的变量可以是任意数据类型的。

Python 是一个弱类型的语言，在对变量进行赋值时有以下两个特点：

- 变量无须声明即可直接赋值，对一个不存在的变量赋值就相当于定义了一个新变量，变量类型取决于等号后面的对象类型。
- 变量的数据类型随时可变，如同一个变量可以被赋值为整数，也可以被赋值为字符串。

注意：弱类型是指书写代码时不必关注类型，但是在 Python 内部仍有类型，使用 type() 函数即可获取变量或表达式的类型。

Python 中的变量分为可变变量和不可变变量。不可变变量包括数字、元组、字符串，这些类型的变量在变量值改变时会指向一个新的内存地址。可变变量包括列表、字典、序列等，这些类型的变量在变量值改变时，其内存地址不变，具体内容将在后续章节中进行介绍。

注意：此处的"可变"和"不可变"并非指变量的值是否可变，而是指在变量值改变时，其内存地址是否会发生改变。

2.3.3　变量赋值

在 Python 中，变量赋值就是变量声明和定义的过程。在变量赋值后，该变量即被创建，用户可以通过直接操作变量来调用或修改存入变量中的值。但是在对变量进行命名时，需要注意以下规则：

- 变量名不能使用 Python 的关键字。
- 变量名必须是有效的标识符。

变量赋值是将值存储在变量所指向的存储单元中，Python 中常用的赋值运算符为"="，左边是变量名，右边是需要存储在变量中的内容。此外，还有复合赋值运算符：+=、-=、*=、/=、%=、**=、//=等，具体内容将在下一节介绍。

　　Python 支持同时为多个变量赋予相同的值。

```
a=b=1
print(a,b)
print(id(a))
print(id(b))
```

运行结果：

```
1 1
140713110152992
140713110152992
```

　　id()函数为 Python 的内置函数，调用 id()函数可以返回变量所指的内存地址，从而判断两个变量 a、b 是否为同一个内存地址。

　　Python 也支持同时为多个变量赋予不同的值。

```
a,b,c=1,2,3
print(a,b,c)
```

运行结果：

```
1 2 3
```

　　Python 还支持两个变量直接交换值。

```
a,b=1,2
a,b=b,a
print(a,b)
```

运行结果：

```
2 1
```

2.4　输入/输出函数

2.4.1　输出函数 print()

　　print()函数的功能是将括号中的内容输出到屏幕上。其语法结构为：

```
print(输出内容)
```

　　print()函数的输出内容可以是一个或多个常量、变量、表达式和函数调用返回值，多个输出内容之间用英文的逗号隔开。print()函数可用于输出字符串、元组、列表、运算结果等各种类型的数据，在 Python 中应用广泛。例如：

```
print('I like Python.')
print(2+3)
print([1,2,3])
a='nihao'
print(a)
```

运行结果：

```
I like Python.
5
[1,2,3]
nihao
```

print()函数可以在一条语句中输出多个变量。

```
name="李明"
score=95
rank="第五"
print(name,score,rank)
```

运行结果：

```
李明 95 第五
```

由上面代码的运行结果可以看出，用 print()函数输出多个变量时，默认以空格隔开，如果想改变默认的分隔符，可以通过 sep 参数设置分隔字符。

```
print(2022,7,14 ,sep='-')
```

运行结果：

```
2022-7-14
```

通常，print()函数的运行结果默认会换行。

```
print('Hello')
print('Python')
```

运行结果：

```
Hello
Python
```

若需要取消 print()函数输出后换行，可以通过 end 参数进行设置。

```
print('Hello',end=',')
print('Python',end='!')
```

运行结果：

```
Hello,Python!
```

2.4.2　输入函数 input()

input()函数是 Python 的内置函数，作用是读取用户输入的数据。其语法结构为：

```
s=input("prompt")
```

其中，s 用于存储输入的数据，prompt 表示提示信息，程序运行后将在控制台显示，提示用户应该输入的内容。

注意： 当使用 input()函数时，不写提示信息程序不会报错，但是会导致用户不知道输入什么内容，因此建议写上输入提示信息。

input()函数默认接收的是字符串类型，并返回字符串类型的数据，所以用户输入的内容可以包含任何字符。若需要接收数值，则需要把接收到的字符串进行相应的类型转换。例如：

```
score=int(input("请输入数字"))
# 此时输入的 20 将作为整数保存在变量 score 中
```

调用 input()函数之后，程序会暂停，等待用户输入。用户输入内容并按下回车键（作为输入结束的标志）之后，程序才继续向下执行。

```
a=input("请输入 a 的值：")
b=input("请输入 b 的值：")
c=a+b
print(c)
# 程序运行后会在控制台显示：请输入 a 的值，输入 2 并按回车键。程序将继续向下执行并显示：请输入 b 的
值，输入 4 并按回车键。c 由字符串拼接得到，因此 c 的值为字符串"24"
```

如果想对上述操作实现加法运算，则需要用到数据类型转换，这部分内容将在本章后面讲到。下面先给一个示例体会一下。

```
a=int(input("请输入 a 的值："))          # 输入 2，将输入的字符串"2"通过 int()函数转换成整数 2
b=int(input("请输入 b 的值："))          # 输入 4，将输入的字符串"4"通过 int()函数转换成整数 4
c=a+b
print(c)                                # 此时变量 c 变成了加法运算 2+4=6，因此得到 c 的值为 6
```

2.5　运算符

运算符的功能是对常量、变量进行相应的运算，它们由符号或其他特定的关键字表示。使用运算符将常量、变量数据按照一定的规则连接起来的式子被称为表达式，其中参与运算的数据被称为操作数。一个简单的表达式例子为"2+3"，其中"+"为运算符，"2"和"3"为操作数。下面对一些常用的运算符进行介绍。

2.5.1　赋值运算符

赋值运算符主要用于对变量进行赋值。可以利用基本赋值运算符，将"="右边的值赋给左边的变量，也可以使用复合赋值运算符，将值先进行某些复合运算再赋给左边的变量。赋值运算符及说明如表 2-2 所示。

表 2-2　赋值运算符及说明

运算符	功能	说明
=	基本赋值运算符	c=a+b
+=	加法赋值运算符	a+=b 等价于 a=a+b
−=	减法赋值运算符	a−=b 等价于 a=a−b
*=	乘法赋值运算符	a*=b 等价于 a=a*b
/=	除法赋值运算符	a/=b 等价于 a=a/b

续表

运算符	功能	说明
%=	取余赋值运算符	a%=b 等价于 a=a%b
**=	幂赋值运算符	a**=b 等价于 a=a**b
//=	取整赋值运算符	a//=b 等价于 a=a//b

下面将通过几个实例来对表中的赋值运算符进行讲解。

```
>>>print(a=100)    # 直接将值赋给变量 a
100
>>>print(b=a)      # 将变量 a 的值赋给变量 b
100
>>>sum=2+3         # 将运算结果赋值给变量 sum
>>>print(sum)
5
>>>print(True==1)
True               # "="和"=="是两个不同的运算符，不要将两者混淆，"=="用来判断两边的值是否相等
>>>n=10
>>>n+=2            # 等价于 n=n+2，即 n=10+2
>>>print(n)
12
>>>n*=3            # 等价于 n=n*3，即 n=12*3
>>>print(n)
36
>>>m-=5
>>>print(m)        # 此时程序将报错，因为复合的赋值运算符只针对已存在的变量，若参与运算的变量未提
前定义，它的值未知，则无法参与运算
```

2.5.2 算术运算符

算术运算符主要用于处理四则运算，在 Python 程序中应用较为广泛。算术运算符及说明如表 2-3 所示。

表 2-3 算术运算符及说明

运算符	功能	说明
+	加法运算符	两个数相加，如果是字符串之间进行加法运算，则对字符串进行拼接操作
−	减法运算符	两个数相减
*	乘法运算符	两个数相乘，如果是字符串和数字相乘，则对字符串进行复制操作，将字符串重复指定次数
/	除法运算符	两个数相除，运算结果返回值为浮点型
%	取余运算符	两个数相除，运算结果返回值为余数部分
//	整除运算符	两个数相除，运算结果返回值为商的整数部分
**	幂运算符	求一个值的几次幂，a**b 表示 a 的 b 次幂

下面通过几个实例对表中的算术运算符进行讲解。

```
>>>print(2+3)                # 同数学中的加法运算
5
```

```
>>>print("2"+ "3")          # 此时的"2"和"3"为字符串，字符串的加法运算实际是字符串的拼接操作
23
>>>print(3-2)               # 同数学中的减法运算
1
>>>print(4*4)               # 同数学中的乘法运算
16
>>>print(4*"hi" )           # 字符串"hi"重复 4 次后输出
hihihihi
>>>print(23/5)              # 同数学中的除法运算
4.6
>>>print(23//5)             # 表示整除，只保留结果的整数部分，直接舍弃小数部分
4
>>>print(-15%6)
3
>>>print(15%-6)             # 与数学中的取余略有不同，只有当除数为负数时，结果才为负数
-3
>>>print(2**3)              # 幂运算符既可以求次方，也可以求开方
8
>>>print(8**(1/3))          # 1/3 为浮点数，所以开方的运算结果也为浮点数
2.0
```

2.5.3 关系运算符

关系运算符主要用于对变量或表达式的结果进行比较。若比较结果为真，则返回 True；若比较结果为假，则返回 False。关系运算符通常在条件语句或循环语句中作为判断依据。关系运算符及说明如表 2-4 所示。

表 2-4 关系运算符及说明

运算符	功能	说明
>	大于运算符	比较左侧值是否大于右侧值
>=	大于或等于运算符	比较左侧值是否大于或等于右侧值
<	小于运算符	比较左侧值是否小于右侧值
<=	小于或等于运算符	比较左侧值是否小于或等于右侧值
==	等于运算符	比较两个对象的值是否相等
!=	不等于运算符	比较两个对象的值是否不相等
is	"是" 运算符	比较两个对象是否是同一个对象，比较的是对象的 id
is not	"不是" 运算符	比较两个对象是否不是同一个对象，比较的是对象的 id
in	包含运算符	判断一个字符串、列表、元组、字典、集合等是否包含指定值
not in	不包含运算符	判断一个字符串、列表、元组、字典、集合等是否不包含指定值

下面通过几个实例对表中的关系运算符进行讲解。

```
>>>print("2 是否大于 3：",2>3)
2 是否大于 3：False
>>>print("5 是否大于或等于 5：",5>=5)
5 是否大于或等于 5：True
```

```
>>>print("10 是否等于 10.0: ",10 == 10.0)
10 是否等于 10.0: True
>>>a=[1,2,3]
>>>b=[1,2,3]          # 变量 a 和 b 的内容一样，但是 a 和 b 是两个不同的变量，在内存中分配了两个地址
>>>print(a==b)       # "=="用于判断两个变量的内容是否一样，因此返回 True
>>>print(a is b)     # "is"用于判断两个变量的内存地址是否一样，因此返回 False
>>>print(5 in [1,3,5,7,8,10,12])              # 判断 5 是否在后面的列表中，输出结果为 True
True
# 判断"hello"是否在"hello, how are you"中，输出结果为 True
>>>print("hello" in "hello, how are you")
True
>>>print(5 not in [1,3,5,7,8,10,12])
False
>>>print("hello" not in "hello, how are you")
False
```

值得注意的是，Python 允许多个关系运算符进行连续比较，和数学中的相关含义相同。例如：

```
>>>print(5>4>3)
True
>>>print(5<4<3)
False
```

2.5.4 逻辑运算符

逻辑运算符主要用于对符号两侧的布尔型值进行逻辑运算，其结果仍为布尔型值。逻辑运算符一般和关系运算符结合使用，多用于判断条件是否成立。逻辑运算符及说明如表 2-5 所示。

表 2-5 逻辑运算符及说明

运算符	功能	说明
and	逻辑与运算符	对符号两侧的值进行与运算。只有在符号两侧的值都为 True 时，结果才为 True，只要有一个值为 False，结果就为 False
or	逻辑或运算符	对符号两侧的值进行或运算。只有在符号两侧的值都为 False 时，结果才为 False，只要有一个值为 True，结果就为 True
not	逻辑非运算符	对符号右侧的值进行取反运算。对于布尔型值，对其进行取反操作，即把 True 变成 False，把 False 变成 True。对于非布尔型值，先将其转换为布尔型值，再对其进行取反操作

例如：

```
>>>score=int(input("请输入分数: "))
>>>if score<=90 and score>=75:      # 也可写为 if 75<=score<=90:
        print("该成绩为良好")
请输入分数: 79
该成绩为良好
```

```
>>>year=int(input("请输入年份："))
>>>if (year%4==0 and year%100!=0) or (year%400==0):
        print("该年份是闰年")
else:
        print("该年份不是闰年")
请输入年份：2020
该年份是闰年
>>>number=int(input("请输入一个整数："))
>>>if not (number%2==0 and number%3==0):
        print("该数不能被 2 和 3 同时整除")
    else:
        print("该数能被 2 和 3 同时整除")
请输入一个整数：6
该数能被 2 和 3 同时整除
```

2.5.5 位运算符

位运算符只能用来操作整数类型的数字，并将数字当作二进制数进行运算，因此需要将运算数转换为二进制数。位运算符一般用于底层开发，在实际应用中并不常见。位运算符及说明如表 2-6 所示。

表 2-6 位运算符及说明

运算符	功能	说明
<<	左移运算符	将运算数的各二进制位全部左移若干位，由<<右边的数指定移动的位数，高位丢弃，低位补 0
>>	右移运算符	将运算数的各二进制位全部右移若干位，由>>右边的数指定移动的位数，低位丢弃，高位是 0 补 0，是 1 补 1
&	按位"与"运算符	参与运算的两个值，如果两个二进制的相应位都为 1，则该位的结果为 1，否则为 0
|	按位"或"运算符	参与运算的两个值，如果两个二进制的相应位有一个为 1，则该位的结果为 1，否则为 0
^	按位"异或"运算符	参与运算的两个值，如果两个二进制的相应位相异，则该位的结果为 1
~	按位"取反"运算符	将运算数的各二进制位取反，把 1 变 0，把 0 变 1

2.5.6 运算符的优先级

运算符具有运算优先级，优先级越高越优先运算，具有相同优先级的运算符按照从左向右的顺序运算。运算符的优先级如表 2-7 所示。

表 2-7 运算符的优先级

运算符	运算符说明	优先级	结合性
()	圆括号	19	无
[]	索引运算符	18	左
x.attribute	属性访问	17	左
**	乘方	16	左

运算符	运算符说明	优先级	结合性
~	按位取反	15	右
+（正号）、-（负号）	符号运算符	14	右
*、/、//、%	乘除	13	左
+、-	加减	12	左
>>、<<	位移	11	左
&	按位与	10	右
^	按位异或	9	左
|	按位或	8	左
==、!=、>、>=、<、<=	比较运算符	7	左
is、is not	is 运算符	6	左
in、not in	in 运算符	5	左
not	逻辑非	4	右
and	逻辑与	3	左
or	逻辑或	2	左
,	逗号运算符	1	左

结合性是指当一个表达式中出现多个优先级相同的运算符时先执行哪个运算符。先执行左边的运算符叫左结合性，先执行右边的运算符叫右结合性。

```
>>>num=3+8/8*-2
>>>print(num)
# 按照表中优先级的顺序，运算过程为 8/8=1.0, 1.0*(-2)=-2.0, 3+(-2.0)=1.0
-1.0
```

虽然 Python 运算符存在优先级，但是在实际编程中不能过度依赖优先级。为了程序的可读性，尽量避免过多依赖运算符的优先级来控制表达式的执行顺序。通常使用圆括号改变优先级，即使用圆括号分组运算符和操作数，明确运算顺序。

2.6　类型转换

2.6.1　自动类型转换

算术表达式中的类型转换以保证数据的精度为准则，即精度低的数据自动转换为精度高的数据，如整型与浮点型进行混合运算时，将整型转换为浮点型。例如：

```
sum=2+3.4   # 可以联想到前面所学，当有一个操作数为浮点数时，运算结果为浮点数
print(sum)
```

运行结果：

```
5.4
```

2.6.2　强制类型转换

1．float()函数

float()函数的功能是将常量、变量或表达式的类型转换为浮点型。

（1）布尔型转换为浮点型。

在将布尔型转换为浮点型时，若被转换值为 True，则转换后的值为 1.0，若被转换值为 False，则转换后的值为 0.0。

```
a=True
b=float(a)
print(b)
```

运行结果：

```
1.0
```

（2）整型转换为浮点型。

在将整型转换为浮点型时，系统会在整数末尾加上“.0”，使其由整数变为实数。

```
a=3
b=float(a)
print(b)
```

运行结果：

```
3.0
```

（3）字符串型转换为浮点型。

在将字符串型转换为浮点型时，只能转换合法的浮点数字符串，直接将浮点数字符串转换为对应的数字，否则将报错。

```
a='2.78'
b=float(a)
print(b)                          # 结果为浮点数 2.78
c=float('hello')
print(c)                          # 报错
```

2．int()函数

int()函数的功能是将常量、变量或表达式的类型转换为整型。

（1）布尔型转换为整型。

在将布尔型转换为整型时，若被转换值为 True，则转换后的值为 1，若被转换值为 False，则转换后的值为 0。

```
a=True
b=int(a)
```

运行结果：

```
1
```

（2）浮点型转换为整型。

在将浮点型转换为整型时，删除小数点后的内容，直接取整，使其由浮点数变为整数。

```
a=3.14
b=int(a)
print(b)
```

运行结果：

```
3
```

（3）字符串型转换为整型。

在将字符串型转换为整型时，只能转换合法的整数字符串，直接将整数字符串转换为对应的数字。

```
a='23'
b=int(a)
print(b)                                # 输出整数 23
c=int('2.15')                           # 报错
print(c)
```

3．str()函数

str()函数的功能是将常量、变量或表达式的类型转换为字符串型。

（1）布尔型转换为字符串型。

在将布尔型转换为字符串型时，若被转换值为 True，则转换后的值为 "True"，若被转换值为 False，则转换后的值为 "False"。

```
a=True
b=str(a)
print(b)
```

运行结果：

```
True
```

（2）整型和浮点型转换为字符串型。

在将整型和浮点型转换为字符串型时，直接将数字转换为相应的字符串。

```
a=314
b=str(a)
print(b)
c=str(3.14)
print(c)
```

运行结果：

```
314
3.14
```

4．bool()函数

bool()函数的功能是将常量、变量或表达式的类型转换为布尔型。

所有表示空集的对象都会被转换为 False，其余的将会被转换为 True。

```
a=23
b=bool(a)
```

```
print(b)                              # 结果为 True
a=0
b=bool(a)
print(b)                              # 结果为 False
c=[]
print(bool(c))                        # 结果为 False
d=[1,2,3]
print(bool(d))                        # 结果为 True
e=""
print(bool(e))                        # 结果为 False
f="abc"
print(bool(f))                        # 结果为 True
g=None
print(bool(g))                        # 结果为 False
```

5. eval()函数

eval()函数的功能是计算指定字符串或表达式内的值,函数返回值的数据类型取决于字符串内容的数据类型。eval()函数相当于把最外层的引号去掉。

```
a=eval('123')
print(a)                              # 输出结果为整数 123
b=eval('3.14')
print(b)                              # 输出结果为浮点型的 3.14
c=eval('True')
print(c)                              # 输出结果为布尔型的 True
d=eval('abc')                         # 报错
e,f=5,6
g=eval('e*3+f*2')
print(g)                              # 输出结果为整数 27
```

6. 查看数据类型

type()函数用于查看数据类型,该函数会将数据类型作为返回值返回。

```
print(type(3.4))
print(type('Python'))
```

运行结果:

```
<class 'float'>
<class 'str'>
```

2.7 精彩案例

【例 2-1】输入圆的半径,计算圆的周长和面积。

```
r=float(input("请输入圆的半径："))
c=2*3.14*r
area=3.14*r**2
```

```
print('圆的周长为： ',c,'圆的面积为： ',area)
```

运行上面的代码，并输入 3。

运行结果：

```
圆的周长为： 18.84 圆的面积为： 28.26
```

【例 2-2】将输入的摄氏温度转换为华氏温度。摄氏温度转换为华氏温度的公式为：华氏度 =32+摄氏度×1.8。

```
c=float(input('请输入摄氏温度： '))
h=32+c*1.8
print(c,'摄氏度= ',h,'华氏度')
```

运行上面的代码，并输入摄氏温度。

```
请输入摄氏温度： 36.5
```

运行结果：

```
36.5 摄氏度= 97.7 华氏度
```

【例 2-3】某同学参加语文、数学、英语考试，三门课以权重 0.4、0.4、0.2 计入总分。输入该同学的三科成绩，求其科目平均分和总评成绩并输出。

```
Chinese=int(input('请输入语文成绩： '))
Math=int(input('请输入数学成绩： '))
English=int(input('请输入英语成绩： '))
average=(Chinese+Math+English)/3
total=(Chinese*0.4)+(Math*0.4)+(English*0.2)
print('科目平均分为： ',average)
print('总评成绩为： ',total)
```

按照下面的数据输入：

```
请输入语文成绩： 89
请输入数学成绩： 94
请输入英语成绩： 80
```

运行结果：

```
科目平均分为： 87.66666666666667
总评成绩为： 89.2
```

本章小结

本章介绍了 Python 中的字符集、标识符和关键字，又介绍了基本数据类型、常量和变量的概念及基本的输入/输出函数，还介绍了各类运算符及其优先级，最后介绍了 Python 中数据类型的转换方法。

Python 中有许多字符集，常见的有 ASCII 字符集、Unicode 字符集、GBK 字符集，其中 Python 采用 UTF-8 字符集。Python 中的标识符有 4 个主要命名规则。Python 具有 33 个关键字。

Python 中的基本数据类型包括整型、浮点型、复数型、布尔型和字符串型 5 大类。

Python 中的变量分为可变变量和不可变变量。不可变变量包括数字、元组、字符等，可变变量包括列表、字典、序列等。

Python 中的基本的输出函数为 print() 函数，基本的输入函数为 input() 函数。

Python 中的运算符按照功能可以分为赋值运算符、算术运算符、关系运算符、逻辑运算符和位运算符。在实际运用中需要了解各运算符的功能及优先级顺序。

Python 中的数据类型转换分为自动类型转换和强制类型转换，其中强制类型转换的应用范围更广。

习题

一、简答题

1. 简述 Python 标识符的命名规则。
2. Python 中的基本数据类型有哪些？
3. 简述 Python 运算符的基本类型。
4. 在 Python 中，变量的含义是什么，其赋值方式有几种？请举例说明。
5. 如何查看 Python 中的数据类型？

二、选择题

1. 以下选项中不符合 Python 变量命名规则的是（　　　）。
   A．Subject　　　　　　　　　B．_score
   C．import　　　　　　　　　D．student_1
2. 关于 Python 赋值语句，以下选项中不合法的是（　　　）。
   A．a,b=b,a　　　　　　　　B．a,b,c=1,2,3
   C．a=(b=2)　　　　　　　　D．a=1,b=2,c=3
3. 关于 Python 的数据类型，以下选项中描述错误的是（　　　）。
   A．浮点数可以用小数点表示，也可以用科学记数法表示
   B．复数型值虚部为 0 时，表示为 a+0j
   C．浮点数也有十进制、二进制、八进制等表示方法
   D．对整数进行四则运算时，结果可能出现浮点数
4. 以下选项中，运行结果为 False 的是（　　　）。
   A．False！=0　　　　　　　B．1 is not 2
   C．2 < 3　　　　　　　　　D．2 & 3
5. 在 Python 中，关于"="和"=="的描述错误的是（　　　）。
   A．"="是赋值运算符
   B．"=="是比较运算符
   C．"="不能判断左右表达式是否相等
   D．"="和"=="都是用于判断左右表达式是否相等的

6．11%4 的值为（　　　）。

 A．2.75　　　　　　　　　　　　B．2

 C．3　　　　　　　　　　　　　D．0.75

7．下面哪个选项不是 Python 的整数类型（　　　）。

 A．0E99　　　　　　　　　　　B．88

 C．0x4b　　　　　　　　　　　D．0B1001

8．与数学表达式 $\dfrac{ab}{2cd}$ 对应的 Python 表达式中，以下选项不正确的是（　　　）。

 A．a*b/a/c/d　　　　　　　　　B．a*b/(a*c*d)

 C．a/a*b/c/d　　　　　　　　　D．a*b/2*c*d

三、编程题

1．搜索人民币和美元的实时汇率，编写程序将输入的人民币数额转换为对应的美元数额并输出。

2．假设高速路的收费标准为每公里 0.5 元，编写程序输入公里数，计算高速费用并输出。

3．编写程序输入两名学生的身高，计算这两名学生的平均身高并输出。

第3章

控制结构

Python 中的控制结构有 3 种，分别为：顺序结构、分支结构和循环结构。这 3 种结构在 Python 中几乎随处可见，因为每一个算法都是由这 3 种结构的一种或多种设计完成的。

顺序结构即按照程序编写的顺序依次执行；分支结构则是根据判断结果选择需要执行的语句；循环结构是在一定条件下进行循环的，一旦超出循环条件的范围就会跳出循环。

本章重点：

- 了解并掌握常见的赋值语句。
- 掌握单分支、双分支、多分支的分支结构。
- 掌握 for 和 while 循环的语法结构和使用情境。
- 区分 break 和 continue 语句的功能和使用情境。

3.1 顺序结构

3.1.1 赋值语句

Python 中的赋值语句用于建立对象的引用值。变量的创建不需要提前声明，变量的首次赋值就是变量的创建，而变量在引用前必须先进行赋值。赋值的形式有以下几种。

（1）直接赋值。

直接赋值为赋值语句的基础形式。其语句格式如下：

```
变量名=变量值
```

例如：

```
spam='spam'
age=22
```

就是将字符串'spam'赋值给变量 spam，将整数 22 赋值给变量 age。

（2）元组赋值。

元组赋值的格式如下：

```
变量 1, 变量 2, …=值 1, 值 2, …
```

例如：

```
spam,ham='spam','ham'
```

在 Python 中，可以同时将不同对象赋值给不同的变量。需要注意的是，变量的数量要和对象的数量一致。

例如：

```
a,b,c=1,2, 'Python'
```

即变量 a 的值是 1，变量 b 的值是 2，变量 c 的值是'Python'。

a,b,c=1,2,'Python'就等同于(a,b,c)=(1,2,'Python')，此外的小括号在 Python 中表示元组符号，赋值时可以省略。

元组和列表赋值通用，接受右侧是任意类型的序列（也可以是可迭代的对象），如元组、字符串。例如：

```
[a,b,c]=('this','is','a')      # 元组 a 的值为'this', b 的值为'is', c 的值为'a'
[a,b,c]='thi'                  # 此处为字符串, a 的值为't', b 的值为'h', c 的值为'i'
```

但是要注意的是，右侧的元素的数量一定要和左侧的变量的数量相等，不然会报错。例如：

```
[a,b,c]='this'
```

运行时会报错：ValueError: too many values to unpack (expected 3)。

（3）序列赋值。

把字符串序列中的字符分别赋值给变量。右侧的元素的数量和左侧的变量的数量必须相等，否则会报错。

例如：

```
a,b,c,d='test'   # 't'、'e'、's'、't'分别赋值给变量 a、b、c、d
```

（4）多目标赋值。

在 Python 中可以同时为多个变量赋值。其语句格式为：

```
变量 1=变量 2=…=值
```

例如：

```
spam=ham='lunch'
a=b=c=2
```

即表示变量 spam 和 ham 的值都为'lunch'，变量 a、b、c 的值都是 2。

（5）复合赋值。

复合赋值也叫增强赋值，该类型的赋值方法中包含的运算符包括：+=、-=、*=、/=等。例如：

```
a=10
a+=2
```

即表示变量 a 的值为：a=a+2，a 的值为 12。

3.1.2　空语句

在 Python 中，pass 表示空语句。该语句不执行命令，只是一个占位符，一是为了保证格式完整，二是为了保证语义完整，一般在 if 条件语句、for-in 循环语句或定义函数的语句中配合使用。例如，用 for 循环输出 1～10（不包括 10）之间的偶数，其中奇数就用 pass 语句占个位置。代码如下：

```python
for i in range(1,10):
    if i % 2==0:
        print(i,end=' ')
    else:
        pass
```

运行结果：

```
2 4 6 8
```

3.1.3　顺序语句

顺序语句是最简单的结构语句，按照语句的先后顺序执行，自上而下，处理好上一条语句的结果后才会继续执行下一条语句。在 Python 中，一个语句的结束是以换行为标志的。

例如，用顺序语句计算圆的面积和周长：

```python
Pi=3.14
r=int(input('请输入圆的半径：'))        # 输入半径，类型为整型
area=Pi*r**2                            # 面积公式
print('圆的面积为：', area)
circum=2*Pi*r                           # 周长公式
print('圆的周长为：',circum)
```

按照下面的数据输入：

```
请输入圆的半径：3
```

运行结果：

```
圆的面积为：28.26
圆的周长为：18.84
```

只有输入完圆的半径，按下回车键后，才会执行后面的公式，最后输出结果。

3.2　分支结构

3.2.1　单分支结构

单分支结构是分支结构中最简单的形式，当且仅当条件语句被满足时，语句块才会被执行，否则跳过语句块，执行后面的语句。单分支的语法结构为：

```
if 表达式：
    语句块
```

一个 if 语句包含以下 5 个要素。

（1）关键词 if。（2）条件表达式。（3）英文冒号（:）。（4）缩进。（5）语句块。

其流程图如图 3-1 所示。

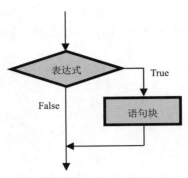

图 3-1　单分支结构的执行流程

例如：比较两个数，取较大值。

```
a=5
b=3
if a>b:  # 对 a 和 b 进行比较，考虑大于、小于和等于的情况
    print(a,'是较大值')
if a<=b:
    print(b,'是较大值')
```

运行结果：

```
5 是较大值
```

因为 a>b，所以第 2 个 if 语句什么都不会输出。

注意：

（1）关键字 if 后面有空格，没有空格程序会报错。

（2）条件表达式后面的冒号必须是英文冒号，若使用中文冒号，则程序会报错，提示的错误为 SyntaxError: invalid character（无效字符）。

（3）代码块前面有缩进，缩进在 Python 中是一种语法格式，必须严格执行。

（4）语句块可以是一条语句，也可以是多条语句。

如果语句块中只有一条语句，则可以将其表示为如下形式：

```
if a<b:max=b
```

但是这会影响程序的可读性，不建议使用。

3.2.2　双分支结构

双分支结构实现的是二选一的功能，即非此即彼。在 Python 中，通过 if…else…语句实现双分支结构。在双分支结构中，根据判断条件表达式的真假执行不同的语句，如果条件表达式的值是 True，则执行 if 下的语句块 1；如果条件表达式的值是 False，则执行 else 下的语句块 2。双分支的语法结构为：

```
if 表达式:
```

```
    语句块 1
else:
    语句块 2
```

其流程图如图 3-2 所示。

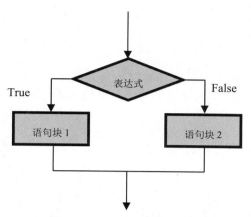

图 3-2　双分支结构的执行流程

利用双分支结构取两个数的较大值。

```
a=3
b=5
if a>=b:
    print(a,'是较大值。')
else:
    print(b,'是较大值。')
```

该程序的运行结果为：

```
5 是较大值。
```

当 if 和 else 后面的语句块较为简单时，我们可以对表达式进行简化。例如：

```
a=int(input())
b=int(input())
if a>b:
    c=a
else:
    c=b
print(c)
```

我们可以将其简化为：

```
a=int(input())
b=int(input())
c=a if a>b else b
# 引出变量 c，将两个值中的较大值赋给 c，当 a>b 时，c=a，否则 c=b
# 使用这种条件表达式的方法可以让程序看起来更简洁
print(c)
```

如果在程序中出现多个 if…else…语句嵌套的情况，则可以根据缩进情况确定 else 语句对应的 if 语句。例如：

```
a=0
if a >= 0:
    if a > 0:
        print('a 大于 0')
else:
    print('a 小于 0')
```

这串代码什么也不会输出，因为这里的 else 对应第 2 行的 if 语句，所以当 a 等于 0 时，代码是没有输出的。

当代码改为：

```
a=0
if a >= 0:
    if a > 0:
        print('a 大于 0')
    else:
        print('a 等于 0')
```

这时的 else 对应第 3 行的 if 语句，也就是 a 等于 0 的情况，所以此程序是有运行结果的，运行结果为：a 等于 0。

3.2.3　多分支结构

当判断情况较多时，在 Python 中可以使用 if…elif…else…多分支结构，elif 表示否则如果，也是判断语句，但是它不能单独使用，必须和 if 一起使用。

if 语句的表达式不成立时，才会执行 elif 后面的表达式，if 与 else 中间可以有多个 elif 插入，只有当 if 和 elif 后面的表达式都不成立时，才会执行 else 语句。

多分支的语法结构可以表示为：

```
if 表达式 1:
    语句块 1
elif 表达式 2:
    语句块 2
    ...
    ...
else:
    语句块 n
```

多分支结构和双分支结构一样，表达式可以是布尔值、变量、关系表达式和逻辑表达式。其流程图如图 3-3 所示。

现在利用多分支结构根据以下要求编写程序：根据输入的考试分数分为优秀、良好、合格、差 4 个等级，考试分数为 0～100 分。分数在 90～100 分之间（包括 90 分和 100 分）为优秀，分数在 70～90 分之间（包括 70 分）为良好，分数在 60～70 分之间（包括 60 分）为合格，分数低于 60 分为差。

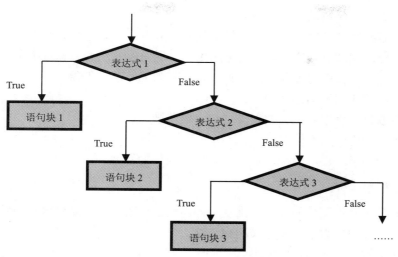

图 3-3 多分支结构流程图

```
# 首先要考虑将用户输入分数的大小限制在 0～100 之间
score=int(input('请输入分数：'))
if score>100:
    print('分数不能大于 100')
elif score>=90:
    print('优秀')
elif score>=70:
    print('良好')
elif score>=60:
    print('合格')
elif score>=0:
    print('差')
else:
    print('分数不能小于 0')
```

运行此程序，输入一个分数值，即可得出对应的等级：

```
请输入分数：85
```

运行结果：

```
良好
```

3.3 循环结构

3.3.1 常用的循环算法

Python 中常用的循环算法有：穷举法、迭代法和递归法。

1. 穷举法

穷举法是一种简单的算法，也叫作枚举法，即通过遍历条件范围，逐个试验来找出答案，常用于解决"是否存在"和"有几种可能"的问题。需要注意的是，问题中所涉及的情况应一一列举，不能遗漏，不能重复。

理论上，穷举法可以解决可计算领域中的各种问题。尤其是在计算机速度非常快的今天，穷举法的应用领域非常广阔。在实际应用中，通常要解决的问题规模不大，采用穷举法的运算速度是可以接受的。此时，设计一个更高效的算法不值得。

利用穷举法解决问题的过程如下。

（1）分析题目，确定答案的数据类型和大致范围。

（2）遍历范围内的所有情况。

（3）对遍历的情况一一验证，输出所有符合条件的答案。

2．迭代法

迭代法就是不断用变量的旧值去推变量的新值的过程，是计算机语言中解决问题的一种基本方法，一般用于数值计算，又称辗转法。

利用迭代法解决问题的步骤如下。

（1）确定迭代变量：在利用迭代法解决的问题中，根据旧值来不断地更新的变量就是迭代变量。

（2）建立迭代关系式：根据变量的前一个值与后一个值之间的关系，建立关系式。

（3）对迭代过程进行控制：何时结束迭代。当迭代次数确定时，可以构建固定的循环次数；当迭代次数不确定时，需要进一步分析结束迭代的条件。

迭代法的优点：

（1）迭代法的效率高，运行时间只因循环次数增加而增加。

（2）没有额外开销，空间上也没有增加。

迭代法的缺点：

（1）不容易理解。

（2）代码不如递归法的代码简洁。

（3）解决复杂问题时困难。

3．递归法

递归法就是子程序（或函数）直接调用自己或通过一系列调用语句间接调用自己，是一种描述问题和解决问题的基本方法。

递归法常用来解决结构相似的问题。所谓结构相似，是指构成原问题的子问题与原问题在结构上相似，可以用类似的方法解决。

具体的整个问题的解决可以分为两部分：第一部分是一些特殊情况，有直接的解法；第二部分与原问题相似，但比原问题的规模小，并且依赖第一部分的结果。

实际上，递归法是把一个不能或不好解决的大问题转换成一个或几个小问题，再把这些小问题进一步分解成更小的小问题，直至每个小问题都可以直接解决。因此，递归法有以下两个基本要素。

（1）边界条件：确定递归到何时终止，也称为递归出口。

（2）递归模式：大问题是如何分解为小问题的，也称为递归体。

递归函数只有具备了这两个要素，才能在有限次计算后得出结果。

以求 n 的阶乘为例来理解一下递归，代码如下：

```
# 定义阶乘函数
def factor(n):
    if n==1 or n==0:
        return 1
    else:
        return n * factor(n - 1)
a=factor(4)
print(a)
```

上述代码中输入为 4，运行结果为 24。

递归法的优点：

（1）大问题化为小问题，可以极大地减少代码量。

（2）用有限的语句来定义对象的无限集合。

（3）代码更简洁清晰，可读性更好。

递归法的缺点：实际上递归法不断地深层调用函数，直到函数有返回值才会逐层地返回，递归法是用栈机制实现的，每深入一层，都要占用一块栈数据区域。因此，递归法涉及运行时的堆栈开销（参数必须压入堆栈保存，直到该层函数调用返回为止），所以有可能出现堆栈溢出的错误。

递归和迭代的关系：递归中一定有迭代，但是迭代中不一定有递归，大部分可以相互转换。相对来说，可以用迭代就不用递归，因为递归不断调用函数，浪费空间。

我们分别用递归法和迭代法来解决一个符合斐波那契数列的古典问题：有一对兔子，从出生后第 3 个月起每个月都生一对兔子，小兔子长到第 3 个月后每个月又生一对兔子，假如兔子都不死，问第 20 个月的时候有多少对兔子？

兔子的规律为：1，1，2，3，5，8，13，21…这种规律符合斐波那契数列。斐波那契数列的系数由之前的两数相加所得，代码如下：

```
# 迭代法实现
def fib(n):                              # 声明函数
    n1 = 1
    n2 = 1
    if n < 1:
        return -1
# 前两个月都只有一对兔子
    if n ==1 or n ==2:
        return 1
# 当 n 大于 2 时开始循环
    while n>2:
        n3 = n2 + n1
        n1 = n2                          # 重新赋值，将 n2 赋值给 n1
        n2 = n3                          # 重新赋值，将 n3 赋值给 n2
        n -= 1                           # 如果 n 的值大于 2，则每次减 1
    return n3                            # 返回 n3 的值
# 调用函数，输入 n=20，看第 20 个月的时候兔子的对数
n = fib(20)
```

```
    if n != -1:
        print('总共有',n,'对小兔子')
```

运行结果：

```
总共有 6765 对小兔子
#递归法实现
def fib(n):
    if n < 0:
        return -1
    if n == 1 or n == 2:
        return 1
    else:
        return fib(n-1) + fib(n-2)
# 递归实现的公式，这里不难看出递归在不断地调用函数，浪费空间
n= fib(20)
if n!= -1:
    print('总共有',n,'对小兔子')
```

运行结果：

```
总共有 6765 对小兔子
```

3.3.2   for 循环

循环语句是 Python 中执行迭代和穷举法需要使用的语句。Python 包含两个循环语句，一个是 for 循环语句，一个是 while 循环语句。for 循环常常与 in 搭配组成 for…in 结构，该结构通常用于枚举和遍历，循环内的语句段会将对象的每一个元素都遍历一次。其语法格式如下：

```
for 变量 in 对象:
    循环体
```

其中，对象是需要遍历的容器。

注意：for 循环语句中的英文冒号一定不可以省略。循环体前面是有缩进的。

for 循环的流程图如图 3-4 所示。

for 循环语句的执行过程：首先，判断容器中是否有元素，如果有则从容器中取出第一个元素并执行循环体，如果没有则退出循环；之后，判断是否已经遍历完容器中的所有元素，如果没有遍历完，则继续取出一个元素并执行循环体，直到遍历完容器中的所有元素；最后，遍历完所有元素后，for 循环自动退出，并继续执行下面的语句。

for 循环经常跟 range()函数一起用。range()函数是 Python 的一个内置函数，可以生成一系列整数。该函数的语法格式如下：

```
range(start,end,step)
```

其中参数的含义如下：

start 是计数的开始值，其默认值为 0，如果开始值为 0 的话，可以省略不写。

end 是计数的结束值，但是不包括该值，如 range(5)代表的计数范围是 0～4。

step 是计数的步长，也就是两个数之间的间隔，可以省略不写。如果省略，则其默认

步长为 1，如 range(1,11,2)生成 1、3、5、7、9 这些整数，range(11,1,-2)生成 11、9、7、5、3 这些整数。

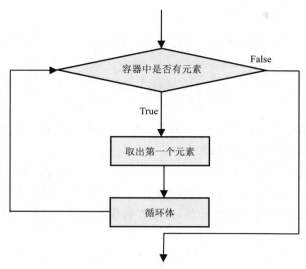

图 3-4　for 循环的流程图

注意：如果 step 参数没有省略，则 start 参数不能省略，除非使用后面章节中介绍的关键字参数。

例如，用 for 循环输出一个由*组成的菱形图案：

```
for i in range(1,8,2):
    print(("*"*i).center(7))
for i in range(5,0,-2):
    print(("*"*i).center(7))
```

输出的结果：

```
   *
  ***
 *****
*******
 *****
  ***
   *
```

注意：center(n)是居中函数，其中，n 代表字符位置，如上面代码中的 center(7)表示在 7 个字符位置上星号居中。

for 循环还可以用来遍历字符串、列表、字典等。例如：

```
list1=['你','真','棒']
for i in list1:
    print(i)
```

运行结果如下。遍历的结果会被纵向展示。

```
你
```

真
棒

3.3.3　while 循环

while 循环在满足特定条件时才执行循环体，可用于处理一些需要重复处理的相同任务。其语法格式如下：

```
while 条件表达式:
    循环体
```

注意：while 循环语句中的冒号一定不要省略。循环体前面是有缩进的。不要忘记添加循环的终止条件，否则会形成死循环。

while 循环语句执行的具体流程：首先判断条件表达式的值，若其值为 True，则执行循环体中的语句。当执行完毕后，再次判断条件表达式的值是否为 True，若仍为 True，则继续执行循环体，直到条件表达式的值为 False 才会退出循环。while 循环的流程图如图 3-5 所示。

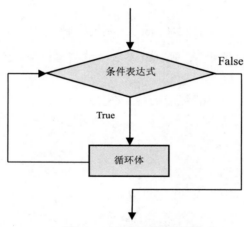

图3-5　while循环的流程图

下面通过一个实例来了解一下 while 循环。

```
# 求 0～100 之间的所有的整数之和
i=0
s=0
while i<=100:
    s+=i
    i+=1
print('0～100 之间的所有的整数之和是：',s)
```

运行结果：

```
0～100 之间的所有的整数之和是： 5050
```

当然，也可以利用 quit()函数退出循环。quit()函数将关闭所有相关窗口并退出此程序。对上述代码进行更改后，代码如下：

```
i=0
```

```
s=0
# 用 while True 实现无限循环，也可以用 while 1 实现
while True:
    s+=i
    i+=1
# 当 i=101 时，终止循环
    if i==101:
        print('0～100 之间的所有的整数之和是：',s)
        quit()
```

运行结果：

```
0～100 之间的所有的整数之和是：  5050
```

　　for 循环和 while 循环的主要区别：for 循环主要用于循环次数已知的循环，如计算 1～100 之间的所有的整数之和，循环的次数是已知的。而 while 循环主要用于循环次数不明确的循环。当然，所有的 for 循环都可以用 while 循环实现，但并不是所有的 while 循环都能用 for 循环实现。

3.4　循环嵌套

　　Python 是允许在一个循环里面嵌入另一个循环的，这种循环里面嵌入另一个循环的语句被称为循环的嵌套。for 循环和 while 循环都可以进行循环嵌套，位于外层的循环结构被称为外循环，位于内层的循环结构被称为内循环。对于外层循环的每次迭代，内层循环都要完成它的所有迭代。

　　while 循环中嵌套 while 循环的格式如下：

```
while 条件语句 1:
    循环体 1 其他语句
    while 条件语句 2:
        循环体 2
    循环体 1 其他语句
```

　　for 循环中嵌套 for 循环的格式如下：

```
for 变量 1 in 对象 1:
    循环体 1 其他语句
    for 变量 2 in 对象 2:
        循环体 2
    循环体 1 其他语句
```

　　while 循环中可以嵌套 for 循环，for 循环中也可以嵌套 while 循环。

　　上述语句中的"循环体 1 其他语句"可以根据实际情况添加或省略。

　　这里以 for 循环中嵌套 for 循环为例，做一个九九乘法表。代码如下：

```
for row in range(1,10):
    for col in range(1,row+1):
        print(col,"*",row,"=",col*row,"\t", end = "")
    print()
```

运行结果如图 3-6 所示。

```
1 * 1 = 1
1 * 2 = 2    2 * 2 = 4
1 * 3 = 3    2 * 3 = 6    3 * 3 = 9
1 * 4 = 4    2 * 4 = 8    3 * 4 = 12   4 * 4 = 16
1 * 5 = 5    2 * 5 = 10   3 * 5 = 15   4 * 5 = 20   5 * 5 = 25
1 * 6 = 6    2 * 6 = 12   3 * 6 = 18   4 * 6 = 24   5 * 6 = 30   6 * 6 = 36
1 * 7 = 7    2 * 7 = 14   3 * 7 = 21   4 * 7 = 28   5 * 7 = 35   6 * 7 = 42   7 * 7 = 49
1 * 8 = 8    2 * 8 = 16   3 * 8 = 24   4 * 8 = 32   5 * 8 = 40   6 * 8 = 48   7 * 8 = 56   8 * 8 = 64
1 * 9 = 9    2 * 9 = 18   3 * 9 = 27   4 * 9 = 36   5 * 9 = 45   6 * 9 = 54   7 * 9 = 63   8 * 9 = 72   9 * 9 = 81
```

图 3-6 输出的九九乘法表

3.5 break 语句、continue 语句和 else 子句

3.5.1 break 语句

break 语句的功能是在循环体中强制退出当前循环，用于终止循环语句的执行。该语句必须在循环体内使用，在循环体外使用会报错。

break 语句通常和 if 语句一起使用，表示在指定条件下强制退出循环。break 语句用于 for 循环和 while 循环中，如果用于嵌套循环，则会强制退出它所在的那一层循环然后执行后面的代码。

在 while 循环中使用 break 语句的格式如下：

```
while 条件表达式 1:
    循环体
    if 条件表达式 2:
        break
```

在 for 循环中使用 break 语句的格式如下：

```
for 变量 in 对象:
    if 条件表达式:
        break
```

if 后面的条件表达式用于判断什么时候调用 break 语句来退出循环。

例如，在 1~100 内找出既能被 3 整除又能被 5 整除的最大整数。

```
for i in range(100,0,-1):
    # 找到第一个能被 3 和 5 同时整除的数即为最大数，无须继续查找
    # 因此可以强制退出循环
    if i%3==0 and i%5==0:
        print('这个数是：',i)
        break
```

该程序的运行结果为：

```
这个数是：90
```

3.5.2 continue 语句

continue 语句的功能是结束本次循环，进入下一次循环，而不退出循环。continue 语

句同样必须在循环体内使用，在循环体外使用会报错。

　　continue 语句通常也和 if 语句一起使用，表示在满足某个条件后结束本次循环（不执行当前循环后面的语句），然后进行下一次循环。

　　continue 语句在 while 循环和 for 循环内的使用和 break 语句类似。例如，在 while 循环中使用 continue 语句的格式如下：

```
while 条件语句1:
    循环体
    if 条件语句2:
        continue
```

break 语句和 continue 语句的框图对比如图 3-7 所示。

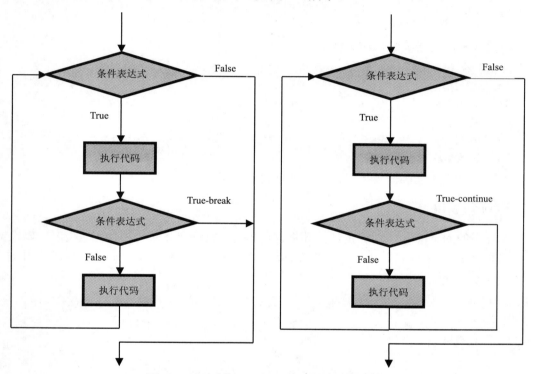

图 3-7　break 语句与 continue 语句的框图对比

下面代码的输出结果，表明了 break 语句和 continue 语句的区别。

```
for i in range(1,11):
    if i%5==0:
        break
    print(i,end=" ")              # 输出结果为 1 2 3 4

for i in range(1,11):
    if i%5==0:
        continue
    print(i,end=" ")              # 输出结果为 1 2 3 4 6 7 8 9
```

例如，输入多个成绩，计算并输出这些成绩的平均值，以输入-1 为终止条件。如果一开始就输入-1，则不计算平均成绩。

```
n=0
total=0
while True:
    score=float(input("请输入成绩: "))
    if score!=-1:
        n+=1
        total+=score
        continue
    else:
        if n>0:
            print("平均成绩为: ",total/n)
        break
```

当输入下面的成绩时，输出结果为：

```
请输入成绩: 80
请输入成绩: 90
请输入成绩: 60
请输入成绩: 70
请输入成绩: -1
平均成绩为: 75.0
```

当第一个成绩直接输入-1时，没有任何输出结果。

3.5.3　else 子句

循环中的 else 子句的功能是当循环正常退出时，执行 else 子句的代码块内容，如果循环被强制退出，则不执行 else 子句的代码块内容。for 循环和 while 循环都可以使用 else 子句。具体格式如下：

```
while 条件表达式:
    循环体
else:
    代码块


for 循环变量 in 容器:
    循环体
else:
    代码块
```

例如：

```
a=0
while a<3:
    a+=1
    print(a,end=' ')
else:
    print('执行else')
```

该程序的运行结果为：

```
1 2 3 执行else
```

当 while 循环中出现 break 语句时，不会执行 else 子句。将上面的代码进行更改，加入 break 语句。

```
a = 0
while a < 3:
    a += 1
    print(a, end=' ')
    # 当a=2时，跳出循环
    if a == 2:
        break
else:
    print('执行else')
```

上述代码的运行结果为：

```
1 2
```

可以看到，跳出 while 循环后，else 子句并没有执行。

3.6　精彩案例

【例 3-1】用户输入 3 个数，编写程序取 3 个数的最大值。

```
n1=eval(input('请输入第 1 个数：'))
n2=eval(input('请输入第 2 个数：'))
n3=eval(input('请输入第 3 个数：'))
max1=n1 if n1>n2 else n2        # 先取 n1 和 n2 中的较大值
max2=max1 if max1>n3 else n3    # 再取 max1 和 n3 中的较大值
print('最大值为：',max2)
```

运行上面的代码，并输入下面的数据。程序的输出结果如下：

```
请输入第 1 个数：10
请输入第 2 个数：30
请输入第 3 个数：20
最大值为： 30
```

【例 3-2】体质指数（BMI）的计算公式为：体重（kg）÷［身高（m）的平方］。目前国际上常用的衡量人体胖瘦程度的指标如下。

太瘦：BMI<18.5。

适中：18.5≤BMI<25。

过重：25≤BMI<30。

肥胖：30≤BMI<35。

非常肥胖：BMI≥35。

专家指出，最理想的体质指数位于 21.5 和 22.5 之间。

根据上面的指标，编写程序提示用户输入身高和体重，并输出 BMI 指标评价。

```python
height=eval(input("请输入身高（m）: "))
weight=eval(input("请输入体重（kg）: "))
bmi=weight/(height**2)
if bmi<18.5:
    print("太瘦")
elif bmi<25:
    if 21.5<=bmi<=22.5:
        print("身材完美")
    else:
        print("适中")
elif bmi<30:
    print("过重")
elif bmi<35:
    print("肥胖")
else:
    print("非常肥胖")
```

运行上面的代码，并输入数据。程序的输出结果如下：

```
请输入身高（m）: 1.8
请输入体重（kg）: 72
身材完美
```

【例 3-3】用户输入一串字符，编写程序统计并输出其中的英文字符、数字、空格和其他字符的个数。

```python
s=input('请输入一串字符: ')
# 多目标赋值
alphabet=num=space=other=0
for c in s:
    if '0'<=c<='9':
        num+=1                          # 当某个字符在 0 与 9 之间时，数字个数加 1
    elif ('a'<=c<='z') or ('A'<=c<='Z'):
        alphabet +=1                     # 当某个字符在大小写 a 与 z 之间时，英文字符个数加 1
    elif c==' ' :
        space+=1                         # 当某个字符是空格时，空格个数加 1
    else:
        other+=1                         # 如果该字符不属于以上 3 种情况，则其他字符个数加 1
print('数字个数是',num, ', 英文字符个数是', alphabet, end='')
print(', 空格个数是',space, ', 其他字符个数是',other)
```

输入：

```
请输入一串字符: postal code of Baoding: 071000.
```

运行结果：

```
数字个数是 6, 英文字符个数是 19 , 空格个数是 4 , 其他字符个数是 2
```

【例 3-4】编写程序输入一个数，并判断该数是否为素数。素数的定义：如果一个数 n

不能被 2 到 n-1 所有的数整除，则 n 是素数，否则 n 不是素数。

```
n=int(input("请输入一个整数: "))
for i in range(2,n):
    if n%i==0:
        print(n,"不是素数")
        break
else:
    print(n,"是素数")
```

运行上面的代码，输入数据。输出结果如下：

```
请输入一个整数: 31
31 是素数
```

再次运行上面的代码，输入数据。输出结果如下：

```
请输入一个整数: 30
30 不是素数
```

【例 3-5】鸡兔同笼问题：在一个笼子里有 n 只鸡和兔子，一共有 m 只脚。输入 n 和 m，计算并输出鸡和兔子的只数，如果无解则输出"数据错误"。

```
# 此题通过前文讲到的循环算法中的穷举法来实现
found = False
num= int(input('请输入鸡和兔子的数目: '))
feet = int(input('请输入脚的数目: '))
for x in range(num):
    y=num-x
    if 2*x + 4*y == feet:
        print('鸡有',x, '只，兔有',y, '只')
        found = True
if not found:
    print('数据错误')
```

输入鸡和兔子的数目为 8，脚的数目为 24。程序的运行结果为：

```
请输入鸡和兔子的数目: 8
请输入脚的数目: 24
鸡有 4 只，兔有 4 只
```

输入 8 和 25，程序的运行结果为：

```
请输入鸡和兔子的数目: 8
请输入脚的数目: 25
数据错误
```

【例 3-6】编写程序实现猜数字小游戏，系统会在 0～9 之间随机生成一个整数，用户需要输入一个自己猜的数字，如果大于随机生成的数，则显示"遗憾，太大了！"；如果小于随机生成的数，则显示"遗憾，太小了！"；直到猜中该数，显示"预测 N 次，你猜中了！"，其中 N 是用户输入的次数。如果用户输入的不是整数，而是小数，则提示用户"输入的必须是整数。请重新输入！"。

```python
# 引入需要的第三方库
import random as rand
target = rand.randint(0,9)          # 随机生成一个 0~9 之间的数字
count = 0
while True:
    num = eval(input("请输入你猜想的数："))
    # 判断用户输入的数字是否为小数，如果是小数，则需要重新输入
    if int(num)!=num:
        print('输入的必须是整数。请重新输入!')
    else:
        count += 1
        if num < target:
            print("遗憾，太小了！")
        elif num > target:
            print("遗憾，太大了！")
        else:
            print("预测",count, "次，你猜中了！")
            pd = input("是否继续游戏!\n 输入 1 继续，输入 0 结束：")
            if pd=="1":
                count = 0
                target =rand.randint(0,9)
            else:
                break
```

运行上面的代码，运行结果为：

```
请输入你猜想的数：5
遗憾，太大了！
请输入你猜想的数：3
遗憾，太大了！
请输入你猜想的数：2
预测 3 次，你猜中了！
是否继续游戏!
输入 1 继续，输入 0 结束：0
```

在本案例中，由于目标值是随机生成的，因此，在实际测试时，运行结果不一定和上面的结果完全相同。

【例 3-7】编写程序，模拟决赛现场最终成绩的计算过程。至少有 3 个评委，打分规则为删除最高分和最低分之后，计算剩余分数的平均分。

```python
# 实现循环，只要输入的评委数量小于 3，就会重新输入
while True:
    n = int(input('请输入评委人数：'))
    # 评委人数必须大于 2
    if n <= 2:
        print('评委人数太少，必须多于 2 个人。')
    else:
        # 当输入的评委数量符合要求时，跳出循环
        break
```

```
total =0
max=0
min=101
for i in range(n):
    score = float(input('请输入第'+str(i+1)+'个评委的分数：'))
    if score>max:
        max=score
    if score<min:
        min=score
    total+=score
average = (total-max-min)/(n-2)
print('去掉一个最高分',max,'\n去掉一个最低分',min,'\n最后得分',average)
```

运行上面的代码，并输入数据。程序的运行结果如下：

```
请输入评委人数：5
请输入第 1 个评委的分数：90
请输入第 2 个评委的分数：80
请输入第 3 个评委的分数：70
请输入第 4 个评委的分数：60
请输入第 5 个评委的分数：50
去掉一个最高分 90.0
去掉一个最低分 50.0
最后得分 70.0
```

本章小结

　　本章主要介绍了 Python 常用的控制结构，具体包括顺序结构、分支结构、循环结构的功能及语法结构。

　　本章首先介绍了顺序结构中的重要语句的使用。其次，介绍了分支结构中的单分支结构、双分支结构和多分支结构的语法结构。之后，介绍了常用的循环算法以及 for 循环和 while 循环的语法结构、循环的嵌套以及 break 语句、continue 语句和 else 子句在循环中的作用和使用方法。最后，通过精彩案例对本章内容进行了知识点融合。

　　程序的控制结构在 Python 中具有重要作用，希望读者能够充分掌握。

习题

一、简答题

1．简述 continue 语句和 break 语句用法的区别。
2．简述 range()函数的功能。
3．对比递归法和迭代法的优缺点。
4．总结 Python 中的赋值语句。
5．简述 for 循环和 while 循环的适用场景。

二、选择题

1. 下列哪个选项不符合以下程序空白处的语法要求？（　　　）

```
for var in ___:
    print(var)
```

    A. range(0,10)　　　　B. (1,2,3)　　　　C. "Hello"　　　　D. 123

2. 下列哪个选项是程序的 3 种基本结构？（　　　）

    A. 顺序结构，跳转结构，循环结构　　　B. 过程结构，对象结构，函数结构

    C. 过程结构，循环结构，分支结构　　　D. 顺序结构，循环结构，分支结构

3. 下列哪个选项是用来判断当前 Python 语句在分支结构中的？（　　　）

    A. 花括号　　　　B. 引号　　　　C. 冒号　　　　D. 缩进

4. 下面代码的执行结果是（　　　）。

```
for s in "PYTHON":
    if s=="T":
        continue
    print(s,end=" ")
```

    A. PYHON　　　　B. TT　　　　C. PY　　　　D. PYTHON

三、编程题

1. 编写程序，将一个正整数分解质因数并输出。例如：输入 90，输出 90=2*3*3*5。

2. 编写程序，计算并输出 2+22+222+…的运算结果，其中数字个数由用户输入。

3. 编写程序，按从大到小的顺序输出所有的水仙花数。水仙花数的定义：一个三位数 n，其百位、十位和个位上的数字分别是 a、b、c，如果 n=a 的立方+b 的立方+c 的立方，则 n 是水仙花数，否则不是。例如：153=1 的立方+5 的立方+3 的立方。

4. 编写程序，计算百钱买百鸡问题。假设公鸡 5 元/只，母鸡 3 元/只，小鸡 1 元 3 只，现在有 100 块钱，想买 100 只鸡，问有多少种买法?

5. 编写程序，计算并输出 1000 以内的最大素数。

第4章

组合数据类型与字符串

在程序设计中，变量的逐一定义和运算往往不能满足实际需要，因此常划分出部分内存空间来按组存放数据，从而方便对大量数据进行操作。几乎每一种程序设计语言都提供了类似的数据结构。Python 中常用的内置组合数据结构包括列表、元组、字典、集合等。

本章主要介绍 Python 中列表、元组、字典、集合和字符串的相关概念、定义方法和常见操作等内容。

本章重点：

- 掌握列表、元组、字典和集合的创建、访问、更新等操作。
- 掌握列表和元组的区别。
- 掌握字符串的访问、格式化和字符串相关函数的应用。

4.1 列表

列表（list）是在方括号之间、用逗号分隔开的多个数据元素。列表中元素的类型可以不相同，它可以包含数字、字符串，甚至可以包含列表、元组等组合数据类型，可以在创建完成后进行增加、修改、删除等操作，是 Python 中使用非常频繁的数据类型。

4.1.1 列表的新建

同其他类型的 Python 变量一样，创建列表时，也可以使用赋值运算符直接将一个列表赋值给变量。语法格式如下：

```
list_name = [element1, element2, element3, …, elementn]
```

其中，list_name 表示列表的名称，可以是任何符合 Python 命名规则的标识符。element1，element2，element3，…，elementn 表示列表中的多个元素。

此外，也可以通过 list() 函数进行列表的创建。

```
list_name = list(data)
```

其中，data 表示可以转换为 list 的数据，其类型可以为 range 对象、元组、字符串或其他可迭代类型的数据。list()函数不添加任何参数表示定义一个空列表。list()函数在接收 data 后将其逐一划分为元素并构成列表。例如，在命令行中创建列表：

```
print(list('Python'))
print(list())
```

运行结果：

```
['P', 'y', 't', 'h', 'o', 'n']
[]
```

注意：函数 list()与列表的英文 list 重名，所以一般不使用 list 作为名称命名列表，避免对函数标识符的占用。

在定义空列表时，除了用 list()函数生成一个空列表外，更多的是采用下面的方法定义空列表。

```
list1=[]
```

其中，list1 为列表变量名称，[]表示空列表。

对于有规律的列表元素，也可以使用列表推导式生成列表。

```
list1=[ i**2  for i in range(4)]
print(list1)
```

运行结果：

```
[0, 1, 4, 9]
```

在使用推导式生成列表时，可以对列表元素进行过滤。例如：

```
list1=[ i  for i in range(10) if i%2==0]
print(list1)
```

运行结果：

```
[0, 2, 4, 6, 8]
```

列表对元素的个数和类型都没有限制。例如，以下列表的定义都是合法的。

```
list1 = []                        # 生成一个空列表
list2 = list()                    # 生成一个空列表
list3 = [0, 1, 2, 3, 4, 5, 6]
list4 = list(range(7))
Python_title = ['Python', 18, ["人生苦短", "我用 Python"]]
```

在使用完列表后，应及时删除不再使用的列表以节省存储空间。删除列表的格式为：

```
del 列表对象
```

例如：

```
del list2
```

4.1.2 列表元素的访问

列表中的数据按照定义的顺序排列，通过使用元素对应的索引（下标）进行访问。

注意：Python 中列表的索引是由 0 开始顺序增加的。特别地，在 Python 中可以从列表的最后一个元素开始向前遍历，索引从-1 开始，顺序减小。

对于列表中元素的访问，可以直接使用方括号加索引的方式。

```
list1= [1, 2, 3]
print(list1[1])
print(list1[-1], list1[-2])
```

运行结果：

```
2
3 2
```

对于列表中多个元素的访问，常使用切片方法。列表的切片方法的格式如下：

```
列表对象名称[start:end:step]
```

切片的结果是列表中索引从 start 开始到 end 结束（不包含 end），且步长为 step 的所有元素构成的一个新列表。

其中，步长 step 可以省略，其值默认为 1。start 可以省略，当 start 省略时，若步长大于 0，则 start 默认为 0；若步长小于 0，则 start 默认为-1。end 可以省略，当 end 省略时，若步长大于 0，则表示截取到列表的末尾；若步长小于 0，则表示截取到列表的开头。当 start 和 end 都省略时，中间的英文冒号不能省略，当 step 省略时，step 前面的冒号可以省略。例如：

```
list1 = [1, 2, 3, 4, 5, 6]
print(list[1:3])
print(list1[0:3:2])              # 等价于 print(list1[:3:2])
print(list1[:5:2])               # 等价于 print(list1[0:5:2])
print(list1[2:])
print(list1[:])
print(list1[4::-1])
print(list1[::-1])
```

运行结果：

```
[2, 3]
[1, 3]
[1, 3, 5]
[3, 4, 5, 6]
[1, 2, 3, 4, 5, 6]
[5, 3, 1]
[6, 5, 4, 3, 2, 1]
```

若需要逐一对列表中的元素进行读取或修改，可以使用两种方法遍历列表元素，一种是通过索引方式遍历，另一种是直接遍历列表元素值。

通过索引方式遍历列表元素，代码如下：

```
list1=[1, 2, 3, 4]
for index in range(4):
        print(list1[index])
```

直接遍历列表元素值，代码如下：

```
list1=[1, 2, 3, 4]
for element in list1:
        print(element)
```

上述两种遍历列表元素代码的运行结果如下：

```
1
2
3
4
```

可以使用 del 方法对列表索引为 index 的元素进行删除：

```
del 列表对象[index]
```

例如：

```
list1 = [1,2,3,4]
del list1[3]
print(list1)
```

运行结果：

```
[1, 2, 3]
```

4.1.3　列表运算

对于已经创建的列表，可以直接通过索引值对列表元素进行更新和修改。使用单个索引值可以对单个元素进行修改，使用索引值范围可以对范围内的若干元素进行修改。在使用索引值范围进行修改时，如果给定的新值数量少于范围内的元素数量，则相当于删除元素；如果给定的新值数量多于范围内的元素数量，则相当于增加元素。例如：

```
list1=[1, 2, 3, 4, 5]
list1[0] = 'e1'                         # 修改单个元素
print(list1)
list1[2:4] = ['e2']                     # 将索引值为 2 和 3 的元素修改为一个元素
print(list1)
list1[-1:] = ['e3', 'e3']               # 将索引值为-1 的元素修改为两个元素
print(list1)
```

运行结果：

```
['e1', 2, 3, 4, 5]
['e1', 2, 'e2',5]
['e1', 2, 'e2', 'e3', 'e3']
```

在 Python 中修改列表元素时，当要修改多个元素时，赋值符号右侧的值必须是列表类型，如上面代码中的 list1[2:4] = ['e2'] 和 list1[-1:] = ['e3', 'e3']。

可以思考一下，如果将 list1[-1:] = ['e3', 'e3'] 替换为 list1[-1] = ['e3', 'e3']，列表值将会产生什么样的变化呢？此时，由于 list1[-1]是修改最后一个元素，因此列表值将会变为['e1', 2, 'e2', ['e3', 'e3']]。

在 Python 中，列表支持操作符运算，如+、*、in 和 not in 运算符。

+：实现将两个列表连接起来的功能。

*：实现重复列表元素的操作。

in：用于判断元素是否在列表内。

not in：用于判断元素是否不在列表内。

```
list1 = [1, 3, 5]
list1 = list1 + [7, 11]              # 列表+列表，实现列表的连接功能
print(list1)
print(list1 * 2)                     # 列表*整数，实现重复列表元素的操作
print(11 in list1)                   # 判断元素是否在列表内
print(11 not in list1)               # 判断元素是否不在列表内
```

运行结果：

```
[1, 3, 5, 7, 11]
[1, 3, 5, 7, 11, 1, 3, 5, 7, 11]
True
False
```

此外，列表还可以使用 len()、sum()、max()、min()等函数进行运算，具体功能如下。

len(列表对象)：计算列表对象的长度，即列表的元素个数。

sum(列表对象)：对列表的所有元素求和。

max(列表对象)：计算列表元素的最大值。

min(列表对象)：计算列表元素的最小值。

例如：

```
list1 = [1, 3, 5, 7]
print(len(list1))
print(sum(list1))
print(max(list1))
print(min(list1))
```

运行结果：

```
4
16
7
1
```

Python 内置了一些对列表进行操作的函数，通过圆点运算符.来调用，下面举例进行说明。

1. append()函数

append()函数用于在列表的末尾增加一个元素。

```
list1=[2, 3, 5, 7, 11]
list1.append(13)
print(list1)
```

运行结果：

```
[2, 3, 5, 7, 11, 13]
```

2．extend()函数

extend()函数可以将另一个列表的内容添加到自己的末尾。

```
list1=[2, 3, 5, 7, 11]
list1.extend([13, 17])
print(list1)
```

运行结果：

```
[2, 3, 5, 7, 11, 13, 17]
```

3．insert()函数

insert()函数用于将一个数据插入到列表中的指定位置。append()函数只能在列表的末尾添加数据，而 insert()函数可以将数据插入到列表中的任意位置。insert()函数需要两个参数，第一个参数是插入的位置，第二个参数是插入的数据，当插入的位置不存在时，数据会默认添加到末尾。

```
list1=[2, 3, 7, 11]
list1.insert(2, 5)
print(list1)
```

运行结果：

```
[2, 3, 5, 7, 11]
```

4．remove()函数

remove(value)函数可以删除列表中第一个出现的值为 value 的元素。例如：

```
list1=[2, 3, 5, 7, 11]
list1.remove(5)
print(list1)
```

运行结果：

```
[2, 3, 7, 11]
```

5．index()函数

index()函数用于查找列表中某值的位置，index(value)函数会返回列表中第一个出现的值为 value 的元素的索引位置。

```
list1=[2, 3, 5, 5, 7, 11]
print(list1.index(5))
```

运行结果：

```
2
```

6．pop()函数

pop()函数意为出栈，原本指返回栈顶元素并删除。在 Python 的列表中，pop(index)函数可以将指定位置的元素返回并删除，当省略 index 时默认会返回列表末尾的元素并删除。

```
list1=[2, 3, 5, 7, 11]
a= list1.pop(0)
print(a)
print(list1)
```

运行结果：

```
2
[3, 5, 7,11]
```

7. sort()函数

sort()函数实现对列表进行排序的功能。sort()函数包含以下两个参数。

key 参数：主要用于列表元素为组合数据类型的情况，当列表元素值为基本数据类型时，不需要设置此参数。当省略 key 参数时，将按组合数据类型的第一个元素进行排序。

reverse 参数：用于设置是否将排序结果进行翻转，默认值为 False，表示不将排序结果进行翻转，即按升序排列；当该参数为 True 时，表示将排序结果进行翻转，即按降序排列。

对于数值类型的列表，sort()函数将按照数值大小进行排序。对于字符串类型的列表，sort()函数将按照 ASCII 值大小进行排序。对于元素中既有数字又有字符串的列表，sort()函数将无法对它进行排序。

```
list_a = [1,3,2]
list_a.sort()
print(list_a)
list_b = ['ants', 'cats', 'dogs', 'badgers', 'elephants']
list_b.sort()
print(list_b)
list_c=[1, 3, 2]
list_c.sort(reverse=True)
# list_d列表的每个元素由姓名、年龄、性别组成
list_d=[['zhangsan',21,'male'],['lisi',19,'female'],['wangwu',17,'male']]
list_d.sort()                              # 按姓名升序排列
print(list_d)
list_d.sort(key=lambda x:x[1],reverse=True) # 按年龄降序排列
print(list_d)
```

运行结果：

```
[1,2,3]
['ants', 'badgers', 'cats', 'dogs', 'elephants']
[3, 2, 1]
[['lisi', 19, 'female'], ['wangwu', 17, 'male'], ['zhangsan', 21, 'male']]
[['zhangsan', 21, 'male'], ['lisi', 19, 'female'], ['wangwu', 17, 'male']]
```

上述代码中的 key=lambda x:x[1]表示按照内嵌列表中的索引值为 1 的元素（年龄）进行排序，其中 lambda 是 Python 的一个关键字，表示匿名函数；在 lambda 后面有空格字符，x 是匿名函数的一个参数，表示 list_d 列表中的一个元素，可以命名为任何有效的标识符；英文冒号后面的内容表示匿名函数的返回值，在这里表示按 x 的哪一个元素排序。

8．reverse()函数

reverse()函数不需要参数，其作用是将列表逆序排列。

```
list1 = [2, 3, 5, 7, 11]
list1.reverse()
print(list1)
```

运行结果：

```
[11, 7, 5, 3, 2]
```

4.2 元组

元组（tuple）是写在括号之间、用逗号分隔开的元素集合。元组中元素的类型可以不同，它支持数字、字符串、列表、元组等元素类型。与列表不同的是，在创建完成后不可以对元组元素进行修改，元组一般用来存储常量或不希望被改变的值。元组在访问效率上要高于列表，因此，如果数据一旦生成且无须改变，则建议使用元组。

4.2.1 元组的新建

和列表类似，可以直接赋值或使用 tuple()函数创建元组，tuple()函数接收一个参数并将其拆分为单个元素存储。可以创建空元组。需要注意的是，在创建单元素元组时，需要在元素后面加','。例如：

```
tup1= (1, 'Python', [2,3])
tup2 = tuple('Python')          # 元组为('P', 'y', 't', 'h', 'o', 'n')
tup3 = (1,)                     # 生成一个只有一个元素为 1 的元组
tup4 = ()                       # 生成一个空元组
tup5=tuple()                    # 生成一个空元组
```

使用推导式的方式定义元组，将得到一个生成器对象，可以使用 tuple()函数将其转换为元组。例如：

```
gen = tuple(i for i in range(4))
print(gen)
```

运行结果：

```
(0, 1, 2, 3)
```

4.2.2 元组元素的访问

元组中的数据和列表一样，按照定义的顺序排列，可以使用元素对应的索引（下标）进行元素的访问。

对于元组中单个元素的访问，可以直接使用方括号加索引的方式。

```
tup = ('张三', 19, '男')
print(tup[1])
```

运行结果：

```
19
```

使用切片方法访问元组中的多个数据。

```
tup = ('张三', 19, '男')
print(tup[::-1])
```

运行结果：

```
('男', 19, '张三')
```

需要逐一对元组中的数据进行访问时，同列表一样，可以使用索引遍历和直接遍历元素的方法实现元组的遍历。

```
tup = ('张三', 19, '男')
for i in range(3):
    print(tup[i])
for element in tup:
    print(element)
```

可以使用 del()函数对元组进行删除。

```
del tup
```

4.2.3　元组运算

与列表不同，元组的元素是不可变的，这意味着我们无法更新或更改元组元素的值。与列表相同的是，元组支持+和*运算，返回一个新的元组。例如：

```
tup1 = (1, 2, 3)
tup2 = ('hello', 'world')
print(tup1 + tup2)
print(tup1 * 3)
```

运行结果：

```
(1, 2, 3, 'hello', 'world')
(1, 2, 3, 1, 2, 3, 1, 2, 3)
```

同样可以使用 in 和 not in 运算符来判断元素是否在元组内。

```
tup1 = (1, 2, 3)
if 1 in tup1:
    print(True)
```

运行结果：

```
True
```

和列表一样，可以使用 len()、sum()、max()、min()内置函数来计算元组的长度、求和、求最大值、求最小值。

```
tup = (1, 3, 5, 7)
print(sum(tup))
print(len(tup))
print(max(tup))
print(min(tup))
```

运行结果：

```
16
4
7
1
```

可以使用元组的内置方法 index(value)来返回第一个值为 value 的元素的索引值。

```
tup = (1, 3, 5, 7)
print(tup.index(3))
```

运行结果：

```
1
```

值得一提的是，通常来讲元组在创建后是无法改变的，不过在元组中嵌套的列表是可以修改的。

```
tup=(1, [2,3])
print(tup)
tup[1][1]=4
print(tup)
```

运行结果：

```
(1, [2, 3])
(1, [2, 4])
```

4.3 字典

列表是有序的容器，放进去的每个数据都有自己的整数索引编号，通过编号可以访问指定位置的元素数据。但是生活中还有一些问题使用列表并不能解决，比如成绩单，我们期望可以通过科目名称来获得该科目的成绩，由于科目名称是字符串而非数值，所以不能使用列表，在 Python 中可以通过字典来实现此功能。

字典是 Python 提供的一种常用的数据结构，是一系列写在花括号之间的具有映射关系的键-值对。字典相当于保存了两组数据，其中一组数据是关键数据，被称为键。键作为数据的索引，支持多种数据格式，例如整数、字符串。另一组数据可以通过键来访问，被称为值。字典在被创建后，可以不断地增加、删除和修改数据。

4.3.1 字典的新建

字典可以通过赋值运算符进行创建，键和值之间使用冒号分隔，键-值对之间使用逗号分隔。

```
dic = {key1: value1, key2: value2, …}
```

使用 dict()函数可以创建字典。dict()函数可以接收其他二元数据类型（如列表或元组）作为参数，或者使用关键字形式进行键-值对的枚举。

```
dic={'key1': 'value1', 'key2': 'value2'}
```

```
print(dic)                  # 字典的键分别为 key1 和 key2，对应的值分别为 value1 和 value2
dic = dict([['key1', 'value1'], ('key2', 'value2')])  # 生成上述相同的字典
dic = dict(key1 = 'value1', key2 = 'value2')          # 生成上述相同的字典
dic = dict()                                          # 生成空字典
dic={}                                                # 生成空字典
```

也可以通过推导式创建键-值对有规律的字典。

```
dic = { i: i**2 for i in range(5)}      # dic 的值为{0:0, 1:1, 2:4, 3:9, 4:16}
```

4.3.2　字典元素的访问

字典是根据创建时建立的键与值之间的对应关系，使用键访问值的，并不能像列表和元组那样使用索引值访问元素。

```
scores ={'数学': 91, '语文': 89, '计算机':70})
print(scores['数学'])
```

运行结果：

```
91
```

使用字典的键不仅可以访问值，还可以修改值。例如：

```
scores ={'数学': 91, '语文': 89, '计算机':70})
scores['数学'] = 99
print(scores)
```

运行结果：

```
{'数学': 99, '语文': 89, '计算机': 70}
```

修改值时，如果原字典中没有相应的键-值对，则会直接给字典添加相应的数据。

```
scores ={'数学': 91, '语文': 89, '计算机':70})
scores['英语'] = 99
print(scores)
```

运行结果：

```
{'数学': 99, '语文': 89, '计算机':70, '英语': 99}
```

通过 for 循环可以对字典中的每个键和值进行遍历操作。

（1）遍历字典的键，可以通过 for key in scores 语句或者 for key in scores.keys()语句实现。

```
scores = {'数学': 99, '语文': 89, '英语': 99}
for key in scores:
    print(key)
for key in scores.keys():
    print(key)
```

运行结果：

```
数学
语文
英语
```

```
数学
语文
英语
```

（2）遍历字典的值，可以通过 for value in scores.values()语句实现。

```
scores = {'数学': 99, '语文': 89, '英语': 99}
for value in scores.values():
    print(value)
```

运行结果：

```
99
89
99
```

（3）遍历字典的键-值对，可以通过 for key,value in scores.items()语句实现，通过 key 访问键-值对中的键，通过 value 访问键-值对中的值。还可以通过 for item in scores.items() 语句逐一访问字典中的键-值对，其中，item 表示字典中的元组格式的键-值对。

```
scores = {'数学': 99, '语文': 89, '英语': 99}
for key, value in scores.items():
    print(key,value)
for item in scores.items():
    print(item)
```

运行结果：

```
数学 99
语文 89
英语 99
('数学', 99)
('语文', 89)
('英语', 99)
```

4.3.3　字典运算

使用 in 和 not in 运算符可以检测字典中是否含有某个键。

```
scores = {'数学': 99, '语文': 89, '英语': 99}
if '数学' in scores:
    print(True)
```

运行结果：

```
True
```

使用 len()函数可以返回字典中键-值对的数量。

```
scores = {'数学': 99, '语文': 89, '英语': 99}
print(len(scores))
```

运行结果：

```
3
```

使用 del 方法可以删除字典中的指定键–值对。

```
dic = {1:2, 2:3}
print(dic)
del dic[1]
print(dic)
```

运行结果：

```
{1: 2, 2: 3}
{2: 3}
```

Python 内置了一些对字典进行操作的函数，通过圆点运算符.来调用。

1．keys()函数

keys()函数将会返回由全部的键组成的序列。

```
scores = {'数学': 99, '语文': 89, '英语': 99}
print(scores.keys())
```

运行结果：

```
dict_keys(['数学', '语文', '英语'])
```

返回的序列是一种特殊的序列，可以直接在循环中使用，单独使用时一般使用 list() 函数或 tuple()函数将其转换为列表或元组后再进行操作和计算。

2．values()函数

values()函数将会返回由全部的值组成的序列，可以直接在循环中使用，单独使用时同 keys()函数一样，一般将返回的值转换为列表或元组后使用。

```
scores = {'数学': 99, '语文': 89, '英语': 99}
print(scores.values())
```

运行结果：

```
dict_values([99, 89, 99])
```

3．items()函数

items()函数将会返回由全部的键–值对构成的二元元组所构成的序列，可以直接在循环中使用，单独使用时一般将返回的值转换为列表或元组后使用。

```
scores = {'数学': 99, '语文': 89, '英语': 99}
print(scores.items())
```

运行结果：

```
dict_items([('数学', 99), ('语文', 89), ('英语', 99)])
```

4．clear()函数

clear()函数将会删除字典内所有的键–值对。

```
scores = {'数学': 99, '语文': 89, '英语': 99}
scores.clear()
print(scores)
```

运行结果：

```
{}
```

5. pop(key)函数

pop(key)函数将会返回键 key 所对应的值，并且删除这个条目。

```
scores = {'数学': 99, '语文': 89, '英语': 99}
print(scores.pop('数学'))
print(scores)
```

运行结果：

```
99
{'语文': 89, '英语': 99}
```

4.4 集合

集合是 Python 中一种无序的、元素不重复的数据结构，与数学上集合的概念非常类似。集合使用花括号定义，元素之间使用逗号分隔。集合与列表有一些类似的特点：都由一系列的元素组成，可以动态地向其中添加元素或从中删除元素。

4.4.1 集合的新建

可以直接通过赋值语句创建集合。

```
fruits = {'apple', 'orange'}
```

使用 set()函数将列表或元组转换为集合。

```
nums = set([1, 2, 3])
set1 = set()                           # 创建一个空集合
```

使用推导式创建集合。

```
evens = {x*2 for x in range(10)}
```

集合的一个重要属性就是元素不重复，即使在创建时提供了重复的元素，集合创建后也只能保留不重复的部分。

```
print({1, 1, 1, 2, 2, 3})
```

运行结果：

```
{1, 2, 3}
```

4.4.2 集合元素的访问

集合中的元素是无序的，无法像列表一样通过索引的方式访问集合中某个位置上的元素，所以想要获得集合中的元素，只能通过遍历的方式。例如：

```
nums = {1, 2, ,3, 4}
for num in nums:
    print(num)
```

运行结果:

```
1
2
3
4
```

4.4.3 集合运算

使用 in 和 not in 运算符可以判断元素是否在集合中。

```
nums = {1, 2, 3, 4}
if 2 in nums:
    print(True)
```

运行结果:

```
True
```

使用 len()、min()、max()、sum()函数可以计算集合的长度、求最小值、求最大值、求和。

```
nums = {1, 2, 3, 4}
print(len(nums))
print(min(nums))
print(max(nums))
print(sum(nums))
```

运行结果:

```
4
1
4
10
```

关系运算符>、<、>=、<=不能用来比较集合的大小,因为集合存储的元素是无序的,无法进行大小判断。但是这 4 个运算符可用于判断集合的包含关系。Python 中集合的包含关系分为 4 种:子集、真子集、超集、真超集。如果 s1 包含 s2 中的所有元素,则称 s1 是 s2 的超集,s2 是 s1 的子集;如果 s1 包含 s2 中的所有元素,且包含 s2 中不存在的元素,则称 s1 是 s2 的真超集,s2 是 s1 的真子集。

- s1 是 s2 的超集,则 s1>=s2 为 True。
- s1 是 s2 的真超集,则 s1>s2 为 True。
- s1 是 s2 的子集,则 s1<=s2 为 True。
- s1 是 s2 的真子集,则 s1<s2 为 True。

集合间可以通过==和!=判断是否包含完全相同的元素。

```
s1 = {1, 2, 3}
s2 = {2, 3, 1}
print(s1==s2)
print(s1!=s2)
```

运行结果：

```
True
False
```

集合可以通过 add()函数和 remove()函数进行元素的增加和删除。

```
nums = {1,2,3,4}
nums.add(5)
print(nums)
nums.remove(1)
print(nums)
```

运行结果：

```
{1, 2, 3, 4, 5}
{2, 3, 4, 5}
```

集合可以通过 issubset()函数和 issuperset()函数判断子集和超集的关系。

```
s1 = {1, 2}
s2 = {1, 2, 3, 4}
print(s1.issubset(s2))
print(s2.issuperset(s1))
```

运行结果：

```
True
True
```

在 Python 中，集合间可以进行并集、交集、差集和对称差集的运算，这些运算既可以使用函数实现，也可以使用运算符实现，并且这些操作不会改变原有的集合，而是产生新的集合。

```
s1 = {2, 3, 5, 7, 11}
s2 = {2, 3, 4, 5, 6}
print(s1.union(s2))                      # 通过函数实现集合的并集运算
print(s1 | s2)                           # 通过运算符实现集合的并集运算
s1 = {2, 3, 5, 7, 11}
s2 = {2, 3, 4, 5, 6}
print(s1.intersection(s2))               # 通过函数实现集合的交集运算
print(s1 & s2)                           # 通过运算符实现集合的交集运算
s1 = {2, 3, 5, 7, 11}
s2 = {2, 3, 4, 5, 6}
print(s1.difference(s2))                 # 通过函数实现集合的差集运算
print(s1 - s2)                           # 通过运算符实现集合的差集运算
print(s1.symmetric_difference(s2))       # 通过函数实现集合的对称差集运算
print(s1 ^ s2)                           # 通过运算符实现集合的对称差集运算
```

运行结果：

```
{2, 3, 4, 5, 6, 7, 11}
{2, 3, 4, 5, 6, 7, 11}
{2, 3, 5}
```

```
{2, 3, 5}
{11, 7}
{11, 7}
{4, 6, 7, 11}
{4, 6, 7, 11}
```

4.5　字符串

字符串就是一连串的字符，是一种基本的信息表达方式，所有的编程语言都支持字符串的操作。在 Python 中，引号中间的都是字符串，这里的引号可以是单引号、双引号和三引号。例如：

```
'Beautiful is better than ugly'
''Simple is better than complex''
```

有时需要表示长字符串，即多行字符串，可以使用三引号或反斜线表示。

```
'''Beautiful is better
than ugly
'''
' Simple is better \
than complex'
```

Python 控制台界面输出的字符串永远都是用单引号引起来的，但无论使用哪种字符串，Python 对字符串的处理方式都是一样的，没有区别。

4.5.1　转义字符

转义字符是很多程序语言、数据格式和通信协议的形式文法的一部分。一个转义字符的目的是开始一个字符序列，使得转义字符开头的字符序列具有不同于该字符序列单独出现时的含义。换句话说，转义字符就是在一些字符前面加上反斜线，使它具有特定的意义。常见的转义字符有制表符、换行符等，如表 4-1 所示。

表 4-1　常见的转义字符

转义字符	含义
\t	制表符
\v	垂直制表符
\r	回车
\n	换行符
\b	退格符
\f	换页
\\	反斜线

在 Python 中，有一种字符串的表达方式称为真字符串，其不对字符进行转义。为避免转义字符造成歧义，Python 允许用 "r" 表示内部的字符串默认不转义。例如：

```
print('hello \n world')
```

```
print(r'hello \n world')
```

运行结果：

```
hello
world
hello \n world
```

4.5.2 字符串元素的访问

字符串中的元素像列表一样按顺序存储，访问方式也与列表类似，使用方括号加索引的方式进行访问。例如：

```
s = 'hello Python'
print(s[-1])
```

运行结果：

```
'n'
```

和列表一样，可以利用[start:end:step]方式对字符串进行切片操作，从而实现对某一索引范围的元素的访问。例如：

```
s = 'hello Python'
print(s[0:5])
```

运行结果：

```
'hello'
```

同样可以使用遍历的方法对字符串中的元素逐一访问。

```
s = 'hello'
for ch in s:
    print(ch)
```

运行结果：

```
h
e
l
l
o
```

4.5.3 字符串格式化

在 Python 中，使用占位符进行格式化。

在实际使用过程中，需要将字符串中的一部分替换为具有某种格式的变量数据，然后输出，这便是字符串的格式化。字符串格式化的语法格式如下。

```
'带有转换说明符%的字符串'%(需要转换的值)
```

例如：

```
age = 23
name = 'tom'
```

```
print( 'Happy birthday %d, %s! '%(age, name))
```

运行结果：

```
'Happy birthday 23, tom!'
```

其中的%s 和%d 为占位符，表示要替换一个字符串进来。当有多个数值要替换时，使用()将其括起来并使用逗号分隔，s 和 d 分别表示数值的格式是字符串和整数。Python 中常见的占位符及含义如表 4-2 所示。

表 4-2　Python 中常见的占位符及含义

占位符	含义
%c	单个字符，或者将表示字符的 unicode 转换为字符替换进来
%s	字符串
%d	整数
%u	无符号整数
%o	八进制数
%x	十六进制数
%X	字母大写的十六进制数
%f	浮点数
%e	使用科学记数法表示的浮点数
%E	使用大写 E 表示的浮点数
%g	根据数值的大小采用%e 或%f
%G	使用大写表示的%g

在%和占位符之间，可以加入数字和其他符号来表示更详细的格式控制。其中，数字表示要预留多少字符的位置给这个数值。如果实际长度不足，则会在左边用空格填充；如果实际长度超出，则不会进行裁剪而直接输出。这里控制格式的数字必须是整数，或者使用'*'表示格式控制，数字由后面的参数提供。

```
print('%3d'%11)
print('%.2f'%(1/3))
print('%.*f'%(3, 3.14159))
```

运行结果：

```
'  11'
'0.33'
'3.142'
```

%和占位符之间加入以下字符，可以表示 4 种内容。

'-'：表示向左对齐，即在后面填充空位。

'0'：表示用 0 填充空位。

'+'：表示正数前面加上+号。

' ' （空格）：表示在正数前不用+表示符号，而是用空格来和负数对齐。

例如：

```
print('%-3d'%11)
print('%03d'%11)
print('%+3d'%11)
print('% 3d'%11)
```

运行结果：

```
'11 '
'011'
'+11'
' 11'
```

Python 还提供了 format()函数对字符串进行格式化，一般格式如下。

```
{<索引>:<填充字符><对齐方式><宽度.精度><格式>}.format()
```

其中，使用{}作为占位符，在()内列出要在字符串中使用的变量，调用该函数时，占位符的内容将引用 format()函数中的参数进行替换。对齐方式分为左对齐（<）、右对齐（>）和居中对齐（^）。format()函数不限制参数个数。

```
print('A{}, B{}'.format('a', 'b'))
print('索引示例：A{1}, B{0}'.format('b', 'a'))
print('*填充，右对齐：{0:*>3d}'.format(11))
print('*填充，左对齐：{0:*<3d}'.format(11))
```

运行结果：

```
'Aa Bb'
'索引示例：Aa, Bb'
'*填充，右对齐：*11'
'*填充，左对齐：11*'
```

通过在字符串前加 f 的方式表示格式化字符串，从而可以在字符串内部直接使用{变量}的形式来进行格式化操作。例如：

```
age = 23
name = 'tom'
print(f'Happy birthday {age}, {name}!')
```

运行结果：

```
'Happy birthday 23, tom! '
```

4.5.4 字符串运算

字符串是 Python 的一种基本数据类型，既可以用来赋值给变量，又可以打印输出，还可以从外部输入。Python 的字符串是一种序列，前面所介绍的对列表、元素等进行的操作，都适用于字符串。比如用+可以进行字符串的拼接，用*可以指定字符串重复次数，用 len()函数可以计算字符串长度，用切片可以得到字符串或复制整个字符串。除此之外，字符串仍有一些自己的特点和操作。

在 Python 中，字符串是不可修改的数据。我们可以对字符串进行运算来产生新的字符串，但是无法对已有的字符串进行修改。比如：

```
s ='hello'
print(s[1] = 'k')
```

运行结果：

```
TypeError: 'str' object does not support item assignment
```

Python 内置了一些字符串的函数，用来对字符串进行一些常见操作。

1．字符串查找

用 in 和 not in 运算符可以判断一个字符串是否包含另一个字符串。

使用 find()函数可以获得子串所在的位置，如果字符串包含子串，则返回子串的起始位置，若不包含子串，则返回-1。

```
s = 'hello'
if 'el' in s:
    print(True)
print(s.find('el'))
print(s.find('ek'))
```

运行结果：

```
True
1
-1
```

使用 count()函数可以统计子串出现的次数。

```
s = 'hello world'
print(s.count('l'))
```

运行结果：

```
3
```

2．大小写转换

Python 中有几个常见的函数用来产生大小写不同的新字符串。

lower()：将字符串中的每个字母都改成小写。

upper()：将字符串中的每个字母都改成大写。

title()：将字符串中的每个单词的首字母改成大写。

capitalize()：将字符串中的第一个字母改成大写，其余字母改成小写。

swapcase()：将字符串中的大小写字母互换。

注意：以上函数均不会对原来的字符串进行修改。

例如：

```
s = 'hELLO wOrLD'
print(s.lower())
print(s.upper())
print(s.title())
print(s.capitalize())
print(s.swapcase())
```

运行结果:

```
hello world
HELLO WORLD
Hello World
Hello world
Hello WoRld
```

3. 添加和删除空白

在编程中，一定的空白输出是为了方便阅读。空白泛指任何非打印字符，在字符串中可以使用空格、制表符或换行符来添加空白。

在字符串中添加制表符，可以使用转义字符\t；在字符串中添加换行符，可以使用转义字符\n。

```
print("\tPython")
print("Language:\nPython")
print("Language:\n\tPython")
```

运行结果:

```
    Python
Language:
Python
Language:
    Python
```

有时候字符串两端会出现一些空格，当打印或输出在屏幕上时，这些空格是看不见的，但是对计算机来说，'Python'和'Python'是完全不同的内容。Python 中的几个常见的用于删除空格的函数如下。

strip()：删除字符串开头和末尾两端的空白。

rstrip()：删除字符串末尾的空白。

lstrip()：删除字符串开头的空白。

```
s = ' Python '
print(s.strip())
print(s.rstrip())
print(s.lstrip())
```

运行结果:

```
'Python'
' Python'
'Python '
```

在上述 3 个函数中，也可以通过设置字符参数删除字符串前后的指定字符。例如:

```
s = '***Python***'
print(s.strip('*'))
print(s.rstrip('*'))
print(s.lstrip('*'))
```

运行结果:

```
'Python'
```

```
'***Python'
'Python***'
```

4．字符串替换

使用 replace()函数可以将字符串中的指定子串替换为另一个子串，并返回替换后的新字符串。例如：

```
s = 'hello world'
print(s.replace('l', '*'))
print(s.replace('or', '# # # '))
```

运行结果：

```
'he**o wor*d'
'hello w# # # ld'
```

5．字符串插入

使用 join()函数可以将一个字符串插入到另一个字符串的每个元素之间，合并为新的字符串。例如：

```
s1 = '.'
s2 = 'abc'
print(s1.join(s2))
s3=['zhangsan', 'lisi', 'wangwu']
s4=','.join(s3)
print(s4)
```

运行结果：

```
'a.b.c'
'zhangsan,lisi,wangwu'
```

6．字符串分割

使用 split()函数可以将一个字符串按照指定参数分割成字符串列表，当参数省略时，默认以空格字符进行分割。例如：

```
s1='a b c'
s2=s1.split()                      # 以空格字符进行分割
print(s2)
s3='zhangsan,lisi,wangwu'
s4=s3.split(', ')
print(s4)
```

运行结果：

```
['a', 'b', 'c']
['zhangsan', 'lisi', 'wangwu']
```

4.6　精彩案例

【例 4-1】编写程序输入某年某月某日，并判断该日是该年的第几天。

```
year=int(input("请输入年: "))
month=int(input("请输入月: "))
day=int(input("请输入日: "))
month_days=[31,28,31,30,31,30,31,31,30,31,30,31]
# 判断是否为闰年，修改 2 月份天数为 29 天
if (year%400==0) or (year%4==0 and year%100!=0):
    month_days[1]=29
if 0<month<=12:
    total_days=sum(month_days[:month-1])+day
    print("{}-{:0>2d}-{:0>2d}是该年的第{}天".format(year,month,day,total_days))
else:
    print('日期错误')
```

按照下面的数据输入：

```
请输入年: 2022
请输入月: 3
请输入日: 10
```

运行结果：

```
2022-03-10 是该年的第 69 天
```

【例 4-2】编写程序计算并输出杨辉三角的前 10 行数据，如图 4-1 所示。

```
1
1   1
1   2   1
1   3   3   1
1   4   6   4   1
1   5   10  10  5   1
1   6   15  20  15  6   1
1   7   21  35  35  21  7   1
1   8   28  56  70  56  28  8   1
1   9   36  84  126 126 84  36  9   1
```

图 4-1　杨辉三角

```
yanghui=[[1],[1,1]]
for row in range(2,10):
    row_data=[1]*(row+1)               # 第 row 行有 row+1 个数据，其中第 1 个是 1，最后一个是 1
    for col in range(1,row):           # 计算下标为 1~row-1 的值
        # 当前行当前列的数据等于上一行当前列数据和上一行前一列数据的和
        row_data[col]=yanghui[row-1][col]+yanghui[row-1][col-1]
    # 将当前行的所有数据追加到杨辉三角列表中
    yanghui.append(row_data)
# 输出杨辉三角
for row in range(10):
    for col in range(row+1):
        print("{:<4d}".format(yanghui[row][col]),end='')
    print()                            # 输出完一行的所有列后，输出回车
```

【例 4-3】现有 5 位同学的信息，请编写程序输出这 5 位同学的生源地、平均年龄和性别统计结果。

```
students=[{'姓名':'张三','性别':'女','年龄':19,'生源地':'河北省'},
          {'姓名':'李四','性别':'男','年龄':18,'生源地':'河南省'},
          {'姓名':'王五','性别':'男','年龄':17,'生源地':'河北省'},
          {'姓名':'丁六','性别':'女','年龄':20,'生源地':'山西省'},
          {'姓名':'赵七','性别':'女','年龄':18,'生源地':'河南省'}
          ]
sources=set()                          # 定义生源地空集合
ages=[]                                # 定义保存所有年龄的空列表
sex_count={}                           # 定义统计不同性别人数的空字典
for student in students:
    sources.add(student['生源地'])
    ages.append(student['年龄'])
    sex=student['性别']
    # 如果性别统计字典中包含了现有性别，则在原有值的基础上加 1
    # 否则，将该性别添加到统计字典中，并将值设置为 1
    if sex in sex_count:
        sex_count[sex]+=1
    else:
        sex_count[sex]=1
average_age=sum(ages)/len(students)
sources_string=",".join(sources)     # 将生源地转换成字符串，中间用逗号隔开
print("学生的生源地分别是: ",sources_string)
print(f"学生的平均年龄为: {average_age}岁")
print("性别统计结果如下: ")
for sex,count in sex_count.items():
    print(f"{sex}: {count}")
```

运行上面的代码，程序的输出结果为：

```
学生的生源地分别是：河南省,山西省,河北省
学生的平均年龄为：18.4 岁
性别统计结果如下：
女：3
男：2
```

【例 4-4】编写程序存储一个年级所有学生的各科目成绩，要求录入所有学生的学号和成绩信息，使用学号就可以输出各科目的成绩。代码和运行结果如下。

首先是数据输入部分，我们使用一个 scores 字典存储所有的学号和成绩信息，使用学号作为字典的 key，成绩以列表的形式存储在字典的 value 中。使用一个 while 循环不断获取输入的信息，直到用户退出。输入的信息如果保存在 msg 变量中，则使用以下的语句进行学号和成绩的分割。

```
data_in = msg.split(' ')
```

然后使用下面的语句将成绩部分切片保存到字典中。

```
scores[data_in[0]] = data_in[1:]
```

接下来是数据输出部分，基本思路和输入部分是类似的，使用一个 while 循环不断获取输入的学号，直到用户退出。将输入的学号 msg 作为 key，可以访问字典中保存的成绩列表，这个列表表示为 scores[msg]。各科成绩分别为这个数组的第 0，1，2 个元素，使用 scores[msg][0]，scores[msg][1]，scores[msg][2]来访问。使用以下的语句输出：

```
print(f'{msg}\t{scores[msg][0]}\t{scores[msg][1]}\t{scores[msg][2]}')
```

最后结合输入和输出的部分，并完善代码，加入输入 q 退出的判断，在输出循环中对输入的学号加以判断，如果它不在字典的 key 值列表中，则进行提示并跳到下次循环。最终代码如下：

```
scores = {}
index = 0
while True:
    index += 1
    msg = input(f'按顺序输入第{index}名学生学号、\
    数学成绩、语文成绩、英语成绩，以空格分隔，输入q退出\n')
    if msg == 'q':
        break
    data_in = msg.split(' ')
    scores[data_in[0]] = data_in[1:]
print('------------------------\n 成绩录入已完成\n------------------------')
while True:
    msg = input('输入学号查询成绩，输入q退出\n')
    if msg == 'q':
        break
    if msg not in scores.keys():
        print('查无此人')
        continue
    print('学号\t 数学\t 语文\t 英语')
    print(f'{msg}\t{scores[msg][0]}\t{scores[msg][1]}\t{scores[msg][2]}')
```

输入：

```
按顺序输入第 1 名学生学号、数学成绩、语文成绩、英语成绩，以空格分隔，输入 q 退出
2021 89 79 59  # 手动输入学生成绩
按顺序输入第 2 名学生学号、数学成绩、语文成绩、英语成绩，以空格分隔，输入 q 退出
2022 77 75 86  # 手动输入学生成绩
按顺序输入第 3 名学生学号、数学成绩、语文成绩、英语成绩，以空格分隔，输入 q 退出
q        # 成绩输入完成，退出该程序
```

运行结果：

```
------------------------
成绩录入已完成
------------------------
```

输入：

```
输入学号查询成绩，输入 q 退出
2022
```

运行结果：

学号	数学	语文	英语
2022	77	75	86

输入学号查询成绩，输入 q 退出

【例 4-5】编写程序输入一段内容，统计内容中每个字符出现的次数，并按字符出现的次数由高到低排序输出。代码和运行结果如下。

```python
input_str = input('请输入字符串：')
ch_set = set(input_str)
# 利用推导式生成不同字符及其次数的字典
ch_dict={ch:input_str.count(ch) for ch in ch_set}
# 由于字典是次序无关的，无法排序，所以将字典条目转换成列表
ch_list=list(ch_dict.items())
# 对列表进行排序，并将次数作为关键字按降序排序
ch_list.sort(key=lambda x:x[1],reverse=True)
for ch,count in ch_list:
    print(f'{ch}: {count}次')
```

输入：

请输入字符串：hello,Python

运行结果：

```
o: 2 次
l: 2 次
h: 2 次
y: 1 次
p: 1 次
,: 1 次
e: 1 次
t: 1 次
n: 1 次
```

【例 4-6】编写程序实现用户输入 18 位身份证号码，判断并输出身份证号码是否有效。身份证号码有效的判定方法：将 18 位身份证号码的前 17 位对应乘以值（7, 9, 10, 5, 8, 4, 2, 1, 6, 3, 7, 9, 10, 5, 8, 4, 2），并累加这些乘积为 s，将 s 对 11 求余，结果为 0～10，对应的末尾验证码为'1', '0', 'X', '9', '8', '7', '6', '5', '4', '3', '2'。

获得输入数据后，将其转换为元组。

```python
id_list = tuple(input())
```

使用一个循环完成身份证号码与因子这两个元组的乘积求和操作。

```python
s = 0
for i in range(17):
    s += int(id_list[i]) * factor[i]
```

将 s 求余后的结果作为索引，访问验证元组，然后比较身份证号码的最后一位与验证码，即可判断身份证号码是否有效。

```
    if check_code[s % 11] == id_list[17]:  # 身份证号码有效
        print('\t 您的身份证号码是一个有效的身份证号码')
```

综合以上部分并完善代码，具体如下。

```
factor = (7, 9, 10, 5, 8, 4, 2, 1, 6, 3, 7, 9, 10, 5, 8, 4, 2)
check_code = ('1', '0', 'X', '9', '8', '7', '6', '5', '4', '3', '2')
id_code = input('请输入身份证号码（输入"退出"终止）: ')
while id_code != '退出':
    s = 0
    for i in range(17):  # 计算验证码
        s += int(id_code [i]) * factor[i]
    if check_code[s % 11] == id_code [17]:  # 身份证号码有效
        print('\t 您的身份证号码是一个有效的身份证号码')
    else:
        print(f'\t 您的身份证号码不正确，请重新输入')
    id_code = input('请输入身份证号码:')
```

运行结果：

```
请输入身份证号码（输入"退出"终止）: 110101199003072893
        您的身份证号码是一个有效的身份证号码
请输入身份证号码: 110101199003072881
        您的身份证号码不正确，请重新输入
请输入身份证号码: 退出
```

本章小结

本章介绍了 Python 中的列表、元组、集合、字典和字符串的定义方法以及常见的操作方法。

列表可通过方括号直接创建、使用 list()函数创建和使用推导式创建。使用方括号加索引的方式可以直接访问列表中的任意元素，使用循环可以对列表元素逐一遍历。列表的内置函数有 append()、sort()和 index()函数等。

元组可通过括号直接创建或使用 tuple()函数创建。其访问方式与列表的访问方式基本一致。需要注意的是，元组不同于列表，元组是不可变数据类型，因此在创建后无法进行元素或元组的修改。元组同样支持切片和遍历。元组在访问效率上要高于列表。

字典可通过花括号创建或使用 dict()函数创建。使用键来访问对应的值，使用特定函数可对键、值和键–值对进行遍历。字典的内置函数有 keys()、values()、items()、get(key)和 sort()函数等。

集合可通过 set()函数创建，类似于字典。集合的元素彼此不重复。因为没有索引，所以集合只能通过遍历的方式访问其中的元素。集合的内置函数有 add()、remove()函数等。

字符串可通过引号创建或使用 str()函数由其他数据转换而来，是不可变数据类型。字符串的内置函数有 find()、count()和 split()函数等。

通过对本章内容的学习，读者应对 Python 中的列表、元组、字典、集合、字符串多种数据类型有一定的认识，掌握其创建、访问、操作的思路和方法。

习题

一、简答题

1. 列表和元组有什么相同点，有什么不同点？
2. 如何在组合数据类型和字符串中搜索指定元素？
3. 字典和集合支持排序吗？为什么？

二、编程题

1. 编写程序实现两数之和：给定一个整数列表 nums 和一个整数目标值 target，请在该数组中找出和为目标值 target 的两个整数，并返回它们的数组下标。

示例：

```
输入：nums = [2,7,11,15], target = 9
输出：[0,1]
解释：因为 nums[0] + nums[1] == 9，返回 [0, 1]。
```

2. 一个班的学生在体检后统计所有同学的身高，使用元组知识，编写程序实现以空格分隔的形式输入所有的身高数据，输出其中超过平均身高的数据。

输入数据示例：

```
151 150 172 177 163 143 158 177 144 165 141 165 169 170 160 142 147 167 151 144
```

3. 使用字典知识，编写程序判断整数列表中是否有重复元素。如果任意一值在列表中出现至少两次，则输出 True；如果列表中的每个元素都不相同，则输出 False。

4. 对于一个乱序的、有重复元素的整数列表，使用集合知识，编写程序实现输出这个列表的第三大元素。

5. 编写程序进行回文数判断：通过 input() 函数输入一个整数 x，使用字符串相关知识，判断输入的整数 x 是否为回文数，如果 x 是回文整数，则输出 True；否则，输出 False。

提示：回文数是指正序（从左向右）和倒序（从右向左）读都是一样的整数。例如，121 是回文数，而 123 不是回文数。

第 5 章

函数

Python 中的函数是指将重复使用的代码段封装起来，在需要时可重复调用。在编程时使用函数可以大大方便程序的编写工作，减少重复代码，增加代码的可阅读性。在设计程序时，可以像之前使用的 print() 和 input() 等内置函数一样使用自定义函数。

本章主要介绍 Python 中函数的相关概念、定义和调用方法、参数传递、嵌套和递归操作，以及常见的内置函数等内容。

本章重点：

- 了解并掌握函数的定义和调用方法。
- 区分函数的不同参数及传递形式。
- 理解匿名函数的使用方法。
- 熟练掌握常见的内置函数。

5.1 函数定义

在 Python 中，函数通过关键字 def 定义，它是 define 的缩写。关键字 def 后加函数的名称和一对圆括号，圆括号之中可以根据实际需要定义函数的参数，以冒号结尾。下一行带有缩进的语句块为函数体。函数定义的语法结构如下：

```
def 函数名(参数列表)：
    函数体
```

在定义函数时，函数的名称应该能够表达函数封装代码的功能，方便后续的调用，并且函数名称的命名应该符合标识符的命名规则。函数的参数列表根据实际需要可有可无。

函数使用 return 语句返回值，return 后面的表达式或值为这次函数调用的返回值。如果函数没有使用 return 语句返回，则函数的返回值为 None。如果 return 后面没有任何表达式，则调用这个函数的返回值也为 None。

例如：

```
def add(a, b):
    return a+b
def add2(a, b):
    c=a+b
s=add(5,6)
print(s)                          # 输出结果为 11
c=add2(5,6)
print(c)                          # 输出结果为 None
```

此外，return 语句可以返回多个值。此时，Python 会将多个值转换为元组返回，接收返回值时可以使用一个变量来保存返回的元组值，也可以使用和返回值个数相同的多个变量分别接收对应的返回值。

例如，下面的代码定义了一个求一个列表中的最大值和最小值的函数。

```
def limit(mylist):
    max_value=max(mylist)
    min_value=min(mylist)
    # 同时返回最大值和最小值，等价于 return (max_value, min_value)
    return max_value, min_value

s=[1,3,5,7,9,11,13]
ret_tup=limit(s)                         # 用一个变量接收返回的元组
print(f"最大值为：{ret_tup[0]}，最小值为：{ret_tup[1]}")
ret_max,ret_min=limit(s)                 # 用和返回值个数相同的变量接收
print(f"最大值为：{ret_max}，最小值为：{ret_min}")
```

上面代码的输出结果如下：

```
最大值为：13，最小值为：1
最大值为：13，最小值为：1
```

上面代码中的两种调用方式得到了相同的结果，但使用多个变量接收多个返回值的方式使得代码的可读性更好。

5.2　函数调用

在调用函数时，程序的运行将从调用函数的行跳到函数定义的行，并将参数传递到函数体内。在函数运行结束后，程序将继续执行函数调用的下一条语句。

例如：

```
def times2(x):
    return x * 2
a = 5
b = times2(a)
print(b)
```

上面代码的运行结果为：

上面代码在运行时，首先会记住函数定义的名称，跳过函数体，向下运行。在运行到 b = times2(a)时，将携带 a 的参数值，跳到 times2()函数处，将 a 的值赋给 x，并在函数体内完成运算。函数运行结束后，返回值赋给 b，程序将继续执行调用函数的下一条语句。在本例中，调用完 times2()函数后，将继续执行 print(b)语句。

此外，在 Python 中，也可以在表达式或函数中调用自定义函数。例如：

```python
# 计算一个数的阶乘的函数
def factor(m):
    result=1
    for i in range(2,m+1):
        result*=i
    return result
# 定义求 3 个数的和的函数
def add(a,b,c):
    return a+b+c

# 计算 5 的阶乘的 2 倍
r1=factor(5)*2
print(f"5!的 2 倍是: {r1}")
# 计算 5! +6! +7!
r2=add(factor(5),factor(6),factor(7))
print(f"5!+6!+7!={r2}")
```

上面代码的运行结果为：

```
5!的 2 倍是: 240
5!+6!+7!=5880
```

5.3　函数的参数传递

函数体内拥有自己的命名空间，函数内外的变量在大多数情况下不能互通，需要借助参数将外部数据传入函数。函数通过参数值在函数体内进行运算，这些值是我们在调用函数时定义的，而非在函数本身内赋值的。参数在函数定义的圆括号内指定，用逗号分隔。

5.3.1　形式参数与实际参数

形式参数简称形参，并不是实际存在的变量，而是在定义函数名和函数体时使用的参数，目的是接收调用该函数时传入的参数。在调用函数时，传递的实际参数被称为实参，实参将值赋给形参。因而，必须注意实参的个数、类型应与形参一一对应，并且实参必须要有确定的值。

实参可以是常量、变量、表达式、函数等，无论实参是何种类型，在函数调用时，它都必须具有确定的值，以便把这些值传递给形参。因此，应先使用赋值、输入等方法使实参在调用函数之前获得确定值。

```python
def welcome(name):                    # name 是形参
    print(f'welcome {name}')
welcome('Tom')                        # 'Tom'是实参
```

5.3.2 位置参数

Python 处理参数的方式要比其他语言更加灵活。其中，使用位置参数就是调用函数时进行参数传递的一种常用方式，实参是通过位置按照次序和形参一一对应的。

```python
def subtraction(a, b):
    return a - b
print(subtraction(5, 3))
```

上述调用的输出结果为：

```
2
```

5.3.3 关键字参数

为了避免位置参数带来的顺序混乱，调用参数时可以指定对应参数的名字，这就是关键字参数。关键字参数可以使用与函数定义时的参数的顺序完全不同的方式进行参数传递。例如：

```python
def out_student(name,age):
    print(f"你的学号是：{name}")
    print(f"你的年龄是：{age}")


out_student("张三",18)              # 通过位置参数调用
out_student(age=19,name="李四")      # 通过关键字参数调用
```

位置参数要求实参和形参必须在次序上一一对应，而关键字参数则不需要在次序上与形参保持一致。上面代码的输出结果如下：

```
你的学号是：张三
你的年龄是：18
你的学号是：李四
你的年龄是：19
```

5.3.4 默认值参数

在定义形参时，可以为形参指定默认值，从而使函数调用时在缺少该参数的情况下使用该参数指定的默认值。例如：

```python
# 计算圆的面积
def area(pi=3.14,r=1):
    return pi*r**2


s1=area()                        # 参数 pi 使用默认值 3.14，参数 r 使用默认值 1
print(s1)
s2=area(pi=3.1415926)            # 指定参数 pi 为 3.1415926，参数 r 使用默认值
print(s2)
s3=area(r=2)                     # 指定参数 r 为 2，参数 pi 使用默认值
print(s3)
s4=area(pi=3.1415926,r=10)       # 参数 pi 和 r 都被重新指定
```

上述调用的输出结果如下：

```
3.14
3.1415926
12.56
314.15926
```

默认值参数在函数定义时就已经计算完成，因此不要把可变的数据类型设置为函数的默认值参数，否则会输出出乎预料的结果。例如：

```
def add(a, b=[]):
    b.append(a)
    print(b)
add('c')
add('d')
```

上述调用会输出以下结果，与预期的输出结果并不相同。

```
['c']
['c', 'd']
```

此外，Python 中的所有默认值参数必须位于没有默认值参数的后面。例如：

```
# 计算圆柱体体积的函数
def cylinderVolume(height,pi=3.14,radius=10):
    volume=pi*(radius**2)*height
    return volume


# 高为 10, pi 为 3.1415926, 半径为 100
v1=cylinderVolume(10,pi=3.1415926,radius=100)
# 高为 10, pi 为 3.1415926, 半径为默认值 10
v2=cylinderVolume(10,pi=3.1415926)
# 高为 10, pi 为默认值 3.14, 半径为 100
v3=cylinderVolume(10,radius=100)
# 高为 10, pi 为默认值 3.14, 半径为默认值 10
v4=cylinderVolume(10)
print(f'v1={v1},v2={v2},v3={v3},v4={v4}')
```

上述代码的运行结果如下：

```
v1=314159.26,v2=3141.5926,v3=314000.0,v4=3140.0
```

5.3.5　不定长参数

有时在定义函数时并不能确定函数的参数个数，或者函数本身就需要接收不同个数的参数，此时可以使用'*'设置参数值的容器来接收一组不定长参数。由于 Python 将这组不定长参数转换为元组，所以在访问该组不定长参数时，可以使用访问元组元素的方法访问这些参数值。

例如，在点菜时，一名顾客可能点数量不定的菜品，可以使用以下例子表示菜单。

```
def menu(name, *demand):
    print(f'{name} wants {demand}')
```

```
menu('Jack', 'beef', 'egg', 'beer')
```

上述调用的输出结果为：

```
Jack wants ('beef', 'egg', 'beer')
```

再比如，求任意个数的数值的最大值和最小值。

```
# 求不定长个数的数值的最大值和最小值
def limit(*nums):
    max_value=max(nums)
    min_value=min(nums)
    return max_value,min_value


max1,min1=limit(5,6,7)
max2,min2=limit(5,6,7,8,9,10)
print(f'max1={max1},min1={min1};max2={max2},min2={min2}')
```

上述代码的运行结果如下：

```
max1=7,min1=5;max2=10,min2=5
```

此外，还可以使用'**'将可变长参数收集到一个字典中，在调用时，参数的名字是字典的键，对应参数的值是字典的值。

```
def menu(name, **demand):
    print(f'{name} wants {demand}')
menu('Jack', meat='beef', fruit='apple', drinks='beer')
```

上述代码的输出结果为：

```
Jack wants {'meat': 'beef', 'fruit': 'apple', 'drinks': 'beer'}
```

5.4 匿名函数

在 Python 中，不通过关键字 def 来声明函数名，而是通过关键字 lambda 来定义的函数被称为 lambda()函数，又称匿名函数。lambda()函数可以接收多个（可以是 0 个）参数，但只能返回一个表达式的值，lambda()函数是一个函数对象，直接赋值给一个变量。其语法结构如下：

```
lambda <参数>:<表达式>
```

lambda()函数适用于多个参数、一个返回值的情况，函数结果用一个变量来接收。执行 lambda()函数的结果与执行普通函数的结果一样，但是 lambda()函数比普通函数更简洁，且无须声明函数名。

```
sum_lambda = lambda a, b, c: a + b + c
print(sum_lambda(1, 100, 10000))
```

运行结果：

```
10101
```

关键字 lambda 定义的函数可以作为一个参数进行传递。

```
def sub_func(a, b, func):
    print('a =', a)
    print('b =', b)
    print('a - b =', func(a, b))
sub_func(100, 1, lambda a, b: a - b)
```

运行结果：

```
a = 100
b = 1
a - b = 99
```

lambda()函数可以与 Python 内置函数配合使用。

```
member_list = [
    {"name": "风清扬", "age": 99, "power": 10000},
    {"name": "无崖子", "age": 89, "power": 9000},
    {"name": "王重阳", "age": 120, "power": 8000}
    ]
new_list = sorted(member_list, key=lambda dict1: dict1["power"])
print(new_list)
```

运行结果：

```
[{'name': '王重阳', 'age': 120, 'power': 8000}, {'name': '无崖子', 'age': 89, 'power':
9000}, {'name':'风清扬', 'age': 99, 'power': 10000}]
```

上面代码中的 sorted()函数是 Python 中的对列表进行排序的内置函数，使用关键字 lambda 来指定列表元素排序的键–值对。

5.5　函数的嵌套与递归

在使用函数的过程中，可以对函数结构进一步优化，这就是函数的嵌套和递归。

5.5.1　函数嵌套

函数嵌套是指在函数体的内部继续进行函数的定义。一般在以下情况使用函数嵌套：封装函数的内部数据，即函数外部无法访问函数的嵌套部分；在函数内部避免重复代码，即坚持 DRY（Don't repeat yourself）原则。

例如：

```
def out():
    # 在函数内部定义输出 n 个星号的函数
    def outStar(n):
        print('*'*n)
    outStar(20)          # 调用内部函数
    print("hello, Python")
    outStar(20)          # 调用内部函数
```

```
out()
```

上述代码的输出结果如下：

```
*********************
hello, Python
*********************
```

5.5.2　函数递归

函数直接或间接调用函数自身的方法被称为递归。递归作为一种算法在程序设计过程中被广泛使用。它通常把一个大型的、复杂的问题转换为一个与原问题相似的、规模较小的问题来求解。一般来说，递归需要设置终止条件和递归条件，终止条件用来终止递归继续进行并返回结果，避免进入无限循环。

斐波那契数列是一个函数递归的常见应用，它的前两项为 1，从第 3 项开始，每一项都是其前两项的和。

例如，设计函数返回斐波那契数列的第 n 项：

```
def fib(n):
    if n == 0 or n == 1:
        return 1
    else:
        return fib(n-1) + fib(n-2)
print(fib(10))
```

上述代码的输出结果如下：

```
89
```

再比如，计算一个数的阶乘：

```
def factor(n):
    if n == 0 or n == 1:
        return 1
    else:
        return n*factor(n-1)
print(factor(5))
```

上述代码的输出结果如下：

```
120
```

5.6　常用的内置函数

Python 包含了很多内置函数，这些函数可以在代码中被直接调用，也可以在 Python 命令行中直接运行。

5.6.1　进制转换函数

在 Python 编程中，经常会使用二进制、八进制、十进制、十六进制整数。Python 内置了将不同进制的整数转换为对应进制的字符串函数。

将整数转换为二进制、八进制、十六进制字符串的函数分别是 bin()、oct()、hex()函数。例如：

```
n = 11
print(bin(n))
print(oct(n))
print(hex(n))
```

上述代码的输出结果如下：

```
0b1011
0o13
0xb
```

将二进制、八进制、十六进制字符串转换为十进制整数的函数是 int(n,2)、int(n,8)、int(n,16)函数。例如：

```
n='11'
print(int(n, 2))
print(int(n, 8))
print(int(n, 16))
```

上述代码的输出结果如下：

```
3
9
17
```

5.6.2　slice()函数

slice()函数是一个切片函数，可以作用于列表、元组等结构，其作用类似于列表中常见的切片操作。其语法结构如下：

```
slice(start, end, step)
```

start，end 和 step 分别定义了 slice 的起点，终点和步长。在不设置 step 时，其默认值为 1。

```
nums = list(range(10))
print(nums[slice(1,4)])
print(nums[1:4])
```

上述代码的输出结果如下：

```
[1,2,3]
[1,2,3]
```

5.6.3　divmod()函数

divmod()函数是一个整合了整数除法和求余操作的函数。其语法结构如下：

```
divmod(a, b)
```

函数将返回一个元组，元组的第 0 个元素为 a 对 b 做整数除法的结果，元组的第 1 个元素为 a 对 b 做除法后的余数。

例如：

```
print(divmod(7, 2))
print(divmod(8, 2))
```

上述代码的输出结果如下：

```
(3, 1)
(4, 0)
```

5.6.4　sorted()函数

sorted()函数可以对字符串、列表、元组等对象进行排序操作。以列表为例，与 list 对象的 sort 方法不同，内置函数 sorted()的返回值为重新排列后的新列表，而不是在原来列表的基础上进行操作。其语法结构如下：

```
sorted(iterable,key=None,reverse=True)
```

其中，iterable 表示序列，如字符串、列表、元组等；key 主要是用来进行比较的元素，只有一个参数，具体函数的参数取自可迭代对象，指定可迭代对象中的一个元素来进行排序；reverse 控制排序规则，使用 reverse=True 为降序，使用 reverse=False 为升序（默认）。

```
a = [5, 4, 7, 2, 9]
b = sorted(a,reverse=True)
print('b=', b)
print('a=', a)
```

运行结果：

```
b= [9, 7, 5, 4, 2]
a= [5, 4, 7, 2, 9]
```

5.6.5　ord()函数和 chr()函数

字符在计算机中存储的形式为 ASCII 值，Python 中内置的 ord()函数和 chr()函数可以将字符与 ASCII 值相互转换。

例如：

```
print(ord('a'))
print(chr(97))
for i in range(97,123):
    print(chr(i),end='')
```

运行结果：

```
97
a
abcdefghijklmnopqrstuvwxyz
```

5.6.6　round()函数

内置函数 round()用于将参数的小数部分通过四舍五入的方式化简。其语法结构如下：

```
round(x,n)
```

其中，参数 x 表示一个数值或一个数值表达式，可选参数 n 表示要求小数部分化简到多少位，默认化简到整数部分。例如：

```
print(round(12.1236))
print(round(12.1236, 3))
print(round(12.0001236, 3))
```

上述代码的输出结果如下：

```
12
12.124
12.0
```

5.6.7 zip()函数

zip()函数用于将可迭代的对象作为参数，将对象中对应的元素打包成元组，然后返回由这些元组组成的列表或迭代器。如果各个迭代器的元素个数不一致，则返回列表元素个数与元素较少的对象的元素个数相同。其语法结构如下：

```
zip(iterable)
```

其中，iterable 为一个或多个序列。

```
a = ['A', 'B', 'C']
b = ['a', 'b', 'c']
print(list(zip(a, b)))
c=['张三','李四','王五']
d=['男','女']
print(list(zip(c,d)))
```

上述代码的输出结果如下：

```
[('A', 'a'), ('B', 'b'), ('C', 'c')]
[('张三', '男'), ('李四', '女')]
```

5.7 变量的作用域

在 Python 解释器启动时，会建立一个初始环境，其中有一个内置命名空间，记录所有的标准常量名、标准函数名等。在程序运行时，会建立一个全局命名空间，全局变量就放在这个空间中。每个函数定义自己的命名空间，函数内部定义的变量是局部变量。如果在一个函数中定义一个变量 x，在另一个函数中也定义一个变量 x，因为是在不同的命名空间定义的，所以两者指代的是不同的变量。可以通过多种方式获取其他命名空间的变量。每个程序在函数外是全局命名空间，全局命名空间中的变量是全局变量。

全局变量为定义在函数外，存在于整个程序的变量；局部变量为定义在函数内，存在于该函数内部的变量。

```
def prt():
    a = 'in'                        # 定义了局部变量a
```

```
    print(a)
def prt2():
    print(a)                              # 全局变量 a

a = 'out'
prt()
prt2()
print(a)
```

运行结果：

```
In
out
out
```

可以看到，函数内外都定义了变量 a，由于两个变量 a 属于不同的命名空间，所以函数内部的局部变量赋值语句不会对函数外部的变量产生影响。对于一些可变数据结构（如列表）通过参数传递进函数时，是可以在函数内部改变值的。例如：

```
def prt(a):
    a.append('in')
    print(a)

a = ['out']
print(a)
prt(a)
```

运行结果：

```
['out']
['out', 'in']
```

若需要在函数内部给全局变量赋值，则可以使用 global 关键字声明所使用的变量为全局变量。

```
def prt():
    global a
    a= 'out2'
    print(a)

a = 'out'
prt()
print(a)
```

运行结果：

```
out
out2
out2
```

使用 global 关键字实现了在函数内部给全局变量赋值。

注意：在程序设计中应尽量减少使用全局变量，因为全局变量会使程序的逻辑性变差，使得函数之间的联系更为复杂。如果确实需要使用全局变量，那么建议通过参数传递的形式来传递全局变量的值到函数内。

5.8 精彩案例

【例 5-1】编写一个函数，参数为一个列表，列表的元素为整数，函数的功能是统计列表中奇数和偶数的个数，并以元组的形式返回。代码和运行结果如下。

统计列表中奇数和偶数的个数，思路是逐一对列表中的元素进行判断，累计奇数和偶数的数量。首先编写判断奇偶数的函数。

```python
def is_even(n):
    return n % 2 == 0
```

根据 n 对 2 取余是否为 0 进行判断，当判别式为 True 时，n 为偶数，函数返回值也为 True，实现判断奇偶数的功能。

然后实现函数的主体，逐一对列表中的元素进行判断，并计数。

```python
def count_even(nums):
    even_count = 0
    for n in nums:
        if is_even(n):
            even_count += 1
    return len(nums) - even_count, even_count
```

函数对列表中的元素进行遍历，如果元素是偶数，则将偶数计数加一，统计完成后，奇数的数量就是列表的长度减去偶数的数量，将奇偶数的数量以元组的形式返回，即完成了函数的编写。最后整理代码，并加入验证。

```python
def is_even(n):
    return n % 2 == 0
def count_even(nums):
    even_count = 0
    for n in nums:
        if is_even(n):
            even_count += 1
    return len(nums) - even_count, even_count

nums = [1, 2, 3, 4, 5, 6, 7, 8, 9]
print(count_even(nums))
```

上述代码的输出结果如下。

```
(5, 4)
```

【例 5-2】编写程序输入两个正整数 M 和 N，统计 M 和 N 之间素数的个数，并对它们求和。

首先编写判断素数的函数。

```python
def isprime(n):
```

```
    for num in range(2, n):
        if n % num == 0:
            return False
    return True
```

函数逐一对大于或等于 2 且小于 n 的数字进行判断，如果能被 n 整除，则其不是素数，返回 False。如果 2 到 n-1 之间的所有整数都不能被 n 整除，则 n 为素数，返回 True。

程序代码如下：

```
def isprime(n):
    for num in range(2, n):
        if n % num == 0:
            return False
    return True


m=int(input('请输入 m：'))
n=int(input('请输入 m：'))
primes = [i for i in range(m, n + 1) if isprime(i)]
print(len(primes), sum(primes))
```

输入：

```
11 25
```

输出结果：

```
5 83
```

【例 5-3】本章举例的斐波那契数列的递归求法，每次在调用时都会从数列的首项开始计算。设计一种字典方法，将每次计算得到的斐波那契数列值存储起来，在调用函数时，先在字典中查找，字典中找不到数列项再进行计算。代码和运行结果如下。

```
fib_nums = {0: 1, 1: 1}
def fib(n):
    if n in fib_nums.keys():
        return fib_nums[n]
    else:
        value = fib(n - 1) + fib(n - 2)
        fib_nums[n] = value
        return value
print(fib(100))
```

运行结果：

```
573147844013817084101
```

【例 5-4】模拟一家为用户提交的设计制作 3D 打印模型的公司。编写代码将需要打印的设计存储在一个列表中，打印后将其移到另一个列表中。代码和运行结果如下。

首先创建一个列表，其中包含一些需要打印的设计。

```
unprinted_designs = ['iphone case', 'robot pendant', 'dodecahedron']
completed_models = [ ]
def print_models(unprinted_designs, completed_models):
```

```
"""
模拟打印每个设计，直到没有未打印的设计为止
打印每个设计后，将其移到列表 completed_models 中
"""
while unprinted_designs:
    current_design = unprinted_designs.pop()
    # 模拟根据设计制作 3D 打印模型的过程
    print("Printing model: " + current_design)
    completed_models.append(current_design)

def show_completed_models(completed_models):
    """显示打印好的所有模型"""
    print("\nThe following models have been printed:")
    for completed_model in completed_models:
        print(completed_model)
print_models(unprinted_designs, completed_models)
show_completed_models(completed_models)
```

运行结果：

```
Printing model: dodecahedron
Printing model: robot pendant
Printing model: iphone case

The following models have been printed:
dodecahedron
robot pendant
iphone case
```

本章小结

　　本章介绍了 Python 中函数的定义和调用方法、参数的传递方式、匿名函数、函数的嵌套和递归、内置函数，以及变量的作用域。

　　函数使用关键字 def 加函数名进行定义，通过函数名加参数的方式进行调用。实参是实际传递给函数的具体变量、数值或数据结构，形参是用于接收实参而定义的函数内部变量。匿名函数是在行内定义的即时调用的函数，适用于多个参数和一个返回值的情况。

　　在函数的内部继续定义函数被称为函数嵌套，函数调用函数自身被称为递归。嵌套与递归是编写一些比较复杂的程序的常用技巧，常见的应用有深度优先搜索、动态规划算法等。

　　Python 的内置函数包含 slice()、divmod()、sorted()和 zip()函数等，这些函数可以在解释器中直接调用。

　　通过本章的学习，读者应对函数的创建及调用、参数传递过程、嵌套与递归、变量作用域等具有一定的认识，熟悉 Python 内置函数，掌握使用函数进行程序设计的思路和方法。

习题

一、简答题

1．如何在函数内部访问全局变量？

2．局部变量和全局变量的定义和区别是什么？

3．简述函数嵌套和函数递归的概念。

二、编程题

1．编写函数，接收两个参数，并返回这两个参数的平方和。

2．编写函数，接收可变数量的参数，并返回其中的最大值。

3．使用函数求特殊数列和。指定两个均不超过 9 的正整数 a 和 n，要求编写函数 f(a,n)，求 a+aa+aaa+⋯+aa⋯aa（n 个 a）之和。

4．使用函数统计指定数字在另一个整数中出现的次数。函数接收两个参数 a 和 b，a 为整数类型，b 为 0 到 9 的整数，函数应返回整数 a 中数字 b 出现的次数。

5．使用函数求余弦函数的近似值。要求编写一个函数，实现用下列公式求 Cos(x)的近似值，精确到最后一项的绝对值小于指定值 eps。

$$Cos(x) = \frac{x^0}{0!} - \frac{x^2}{2!} + \frac{x^4}{4!} - \frac{x^6}{6!} + \cdots$$

6．编写程序，使用递归实现 pow(x, n)，即计算 x 的 n 次幂。

第6章

常用的标准库

标准库相当于用计算机语言写出的一个核心工具集合。在执行高级复杂操作时，可以使用标准库来简化操作。

严格来说，Python 中没有库的概念，Python 中的库是借用的其他编程语言的概念，没有具体特别的定义，库可以是一个模块，也可以是一个包。

Python 中的标准库的使用方法很简单，只需使用导入语句将使用的模块或包导入即可。常用的标准库主要有 math 库、random 库、datetime 库和 os 库。

本章重点：

- 了解库和模块的概念。
- 掌握 import 语句和 from…import 语句的使用。
- 熟练掌握常用的标准库：math 库、random 库、datetime 库和 os 库。

6.1 库的导入

6.1.1 import 语句

当需要在程序中使用标准库或第三方库时，需要使用 import 语句将标准库或第三方库导入到当前程序中。语法结构如下：

```
import 模块1,模块2,…
```

通过上述语法结构可以导入指定模块中的所有成员（包含变量、函数、类等）。使用时通过点运算符调用即可。

```
模块1.对应成员
```

例如：

```
import math
a= math.sqrt(100)
print(a)
```

当模块名称的字符较多时，为了使输入更加简洁，可以给导入的模块起个别名。语法结构如下：

```
import 模块1 as 别名1,模块2 as 别名2,…
```

例如：

```
import pandas as pd
import numpy as np
```

6.1.2 from…import 语句

如果只想要导入模块中的指定成员，而不是全部成员，那么可以使用 from…import 语句。语法结构如下：

```
from 模块 import 成员名1 [as 别名1]，成员名2 [as 别名2]
```

例如：

```
from math import sqrt
a=sqrt(100)
print(a)
```

在程序中使用该成员时，不再使用点运算符调用该成员，而是直接使用成员名（或别名）。

需要注意的是，当从不同的模块中导入相同的成员名时，会出现潜在风险，因为无法在调用时区别使用的是哪一个模块的成员，如两个模块 module1 和 module2 分别存在相同的函数名称 foo()。

```
module1 模块
def foo():
    print("这是module1 模块")
module2 模块
def foo():
    print("这是module2 模块")
```

因此，需要使用别名将两个相同的成员名进行区分。

```
from module1 import foo as foo1
from module2 import foo as foo2
foo1()
foo2()
```

上述代码的输出结果：

```
这是module1 模块
这是module2 模块
```

如果需要导入模块中的所有成员，则可以通过下面的语句实现。

```
from 模块 import *
```

将模块中的所有成员一次导入，这将面临与其他模块的成员重名的风险，因此不推荐使用这种导入方式。

6.2　math 库

math 库实现了对浮点数常用的数学运算操作，这些操作一般是对平台 C 标准库中同名函数的简单封装。这些函数并不适用于复数运算操作，对于科学领域会用到的复数运算操作，另有 cmath 模块提供相应的函数。

想要在程序中使用 math 模块，需要先导入 math 库。

```
import math
```

使用 dir()函数可以查看 math 模块中的成员，代码如下。

```
>>> import math
>>> dir(math)
['__doc__', '__loader__', '__name__', '__package__', '__spec__', 'acos',
 'acosh', 'asin', 'asinh', 'atan', 'atan2', 'atanh', 'ceil', 'comb',
 'copysign', 'cos', 'cosh', 'degrees', 'dist', 'e', 'erf', 'erfc', 'exp',
 'expm1','fabs', 'factorial', 'floor', 'fmod', 'frexp', 'fsum', 'gamma',
 'gcd','hypot', 'inf', 'isclose', 'isfinite', 'isinf', 'isnan', 'isqrt',
 'lcm','ldexp', 'lgamma', 'log', 'log10', 'log1p', 'log2', 'modf', 'nan',
 'nextafter', 'perm', 'pi', 'pow', 'prod', 'radians', 'remainder', 'sin',
 'sinh', 'sqrt', 'tan', 'tanh', 'tau', 'trunc', 'ulp']
```

每个函数对应的具体操作和返回值均可在 Python 官方文档中查看，这里着重介绍常用的几个函数的功能（x 和 y 为浮点数，n 为整数），如表 6-1 所示。

表 6-1　常用的函数及功能

函数	功能
math.exp(x)	计算 e^x
math.log(x[, base])	计算 $\log_{base}^{x}$，默认 $base = e$
math.pow(x, y)	计算 x^y
math.sin(x)	计算 $\sin(x)$，x 为弧度值
math.cos(x)	计算 $\cos(x)$，x 为弧度值
math.tan(x)	计算 $\tan(x)$，x 为弧度值
math.degrees(x)	将弧度转换为度，x 为弧度值
math.asin(x)	计算 $\arcsin(x)$
math.acos(x)	计算 $\arccos(x)$
math.atan(x)	计算 $\arctan(x)$
math.radians(x)	将度转换为弧度
math.pi	常数 π
math.e	常数 e
math.inf	$+\infty$
math.nan	NaN（浮点非数字值）
math.ceil(x)	计算大于或等于 x 的最小整数

续表

函数	功能
math.fabs(x)	计算 $|x|$
math.floor(x)	计算小于或等于 x 的最大整数
math.factorial(n)	计算 $n!(n \geqslant 0)$
math.gcd(n1,n2,n3,...)	计算 $n_1, n_2, n_3, ...$ 的最大公约数
math.fsum([x1,x2,...])	计算列表中数值的准确浮点数总和
math.trunc(x)	求 x 的整数部分

例如：

```
import math
print(math.pow(3,4))              # 输出 81.0
print(math.ceil(3.5))             # 输出 4
print(math.ceil(-3.5))            # 输出-3
print(math.floor(3.5))            # 输出 3
print(math.floor(-3.5))           # 输出-4
print(math.gcd(15,9))             # 输出 3
print(math.trunc(3.5))            # 输出 3
```

注意：math 库中并没有将小数位四舍五入的函数。可以直接使用 round(x[, y])函数，将浮点数 x 四舍五入保留到小数点 y 位。当存在第 2 个参数 y 时，返回值为浮点数；当不存在第 2 个参数 y 时，返回值为整数。例如：

```
>>> round(2.685, 0)
3.0
>>> round(2.685)
3
```

6.3　random 库

random 库实现了各种伪随机数生成器，用来生成随机浮点数、整数和字符串。在程序中使用 random 模块，需要先导入 random 库。

```
import random
```

本节介绍 random 模块的几个基本随机函数——random()函数、seed()函数和其他常用的随机函数。

6.3.1　random()函数

random()函数返回一个范围在[0.0,1.0)的随机浮点数。

```
>>> import random
>>> random.random()
0.5449325504146476
>>> random.random()
```

```
0.4223621233300838
>>> random.random()
0.17503623924526723
```

上述代码的运行结果是随机的，读者在运行代码时，结果会和上述结果不同。

6.3.2 seed()函数

使用 random 库中的函数生成的随机数被称为伪随机数，因为返回的随机数字是由一个稳定的算法得出的一个稳定的结果序列，而不是真正意义上的随机序列。seed()函数就是用来确定这个算法开始计算的第一个值，因此只要 seed(a=None)中参数 a 固定不变，那么后续所有的随机结果和显示顺序也都会完全一致。

seed(a=None)用来初始化随机数生成器。当参数 a 未被指定时，或者未显示调用 seed()函数时，随机数生成器默认使用当前系统时间来初始化。

• 使用 seed(a=12345678)来初始化。

```
>>> import random
>>> random.seed(12345678)
>>> random.random()
0.7202671550185803
>>> random.random()
0.6330310001166692
>>> random.seed(12345678)
>>> random.random()
0.7202671550185803
>>> random.random()
0.6330310001166692
```

由上述代码可以看出，当 seed()函数使用相同的参数值时，返回的随机数值和顺序是相同的。

• 使用 seed(a = None)来初始化。

```
>>> import random
>>> random.seed()
>>> random.random()
0.00966336266278689
>>> random.random()
0.45681588280467533
>>> random.seed()
>>> random.random()
0.272871566275411
>>> random.random()
0.5847893768579598
```

当使用默认值时，将使用当前系统时间的秒数作为随机数种子值，因此返回的随机数值和顺序不确定。

注意：在需要复现当前随机过程的使用环境中，seed()函数的设置尤为重要。

6.3.3 其他常用的随机函数

randint(a,b)：生成一个[a,b]之间的随机整数。

```
>>> import random
>>> random.randint(10,100)
28
```

randrange(start, stop[, step])：生成一个[start，stop)之间，以 step 为步长的随机整数。

```
>>> import random
>>> random.randrange(10,100,10)
20
>>> random.randrange(10,100,10)
20
>>> random.randrange(10,100,10)
>>> 90
```

getrandbits(k)：生成一个 k 位二进制数，且每一位二进制数都是随机的，在硬件允许的情况下，能够处理任意大的数值。

```
>>> import random
>>> random.getrandbits(20)
1006776
```

uniform(a,b)：生成一个在[a,b]之间的随机浮点数。

```
>>> import random
>>> random.uniform(10,100)
45.184405006692025
```

choice(seq)：从非空序列中随机返回一个数据。seq 可以为列表、元组和字符串。

```
>>> import random
>>> random.choice([1,2,3,4,5])
5
>>> random.choice((1,2,3,4,5))
4
>>> random.choice("12345")
'5'
```

shuffle(list)：将列表进行随机排序。

```
>>> import random
>>> a = [1,2,3,4,5]
>>> random.shuffle(a)
>>> a
[2, 1, 5, 3, 4]
```

sample(seq,k)：从序列 seq 中进行无放回的随机抽样，返回一个长度为 k 的列表。

```
>>> import random
>>> random.sample([1,2,3,4,5],4)
[4, 5, 1, 3]
```

```
>>> random.sample((1,2,3,4,5),4)
[1, 4, 3, 2]
>>> random.sample("12345",4)
['5', '2', '1', '4']
```

6.4　datetime 库

datetime 库提供了对日期和时间的操作，主要用于提取时间、转换日期格式、格式化日期、时间计算等。

datetime 模块中定义了 5 个类，各自的导入方式如下。

```
from datetime import date            # 表示日期的类
from datetime import datetime        # 表示日期时间的类
from datetime import time            # 表示时间的类
from datetime import timedelta       # 表示时间间隔的类
from datetime import tzinfo          # 表示时区相关信息的类
```

6.4.1　date 类

date 类的定义：date(year,month,day)，返回指定年月日的日期。

例如，以 2022 年 1 月 1 日为例，定义一个 date 对象，以不同的格式输出。

```
>>> from datetime import date
>>> a = date(2022,1,1)               # 定义 date 类
>>> a.ctime()                        # 返回特定格式的日期
'Sat Jan  1 00:00:00 2022'
>>> a.isocalendar()                  # 返回一个元组，包含当前日期的第几年，第几周，星期几
datetime.IsoCalendarDate(year=2021, week=52, weekday=6)
>>> a.isoweekday()                   # 返回星期几，1～7 表示星期一到星期日
6
>>> a.isoformat()                    # 返回特定格式的日期
'2022-01-01'
>>> a.replace(2022,1,2)              # 返回一个替换给定日期的新类
datetime.date(2022, 1, 2)
>>> a.timetuple()                    # 返回日期对应的元组结构
time.struct_time(tm_year=2022, tm_mon=1, tm_mday=1, tm_hour=0, tm_min=0,
tm_sec=0, tm_wday=5, tm_yday=1, tm_isdst=-1)
>>> a.weekday()                      # 返回星期几，0～6 表示星期一到星期日
5
```

date.strftime(format)可以按照给定格式进行格式化，其中的格式化符号如表 6-2 所示。

表 6-2　时间日期的格式化符号

符号	含义
%y	两位数的年份表示（00～99）
%Y	四位数的年份表示（000～9999）

续表

符号	含义
%m	月份（01～12）
%d	月内的一天（0～31）
%H	24 小时制小时数（0～23）
%I	12 小时制小时数（01～12）
%M	分钟数（00～59）
%S	秒（00～59）
%a	本地简化的星期名称
%A	本地完整的星期名称
%b	本地简化的月份名称
%B	本地完整的月份名称
%c	本地相应的日期表示和时间表示
%j	年内的一天（001～366）
%p	本地 A.M.或 P.M.的等价符
%U	一年中的星期数（00～53），星期天为星期的开始
%w	星期（0～6），星期天为星期的开始
%W	一年中的星期数（00～53），星期一为星期的开始
%x	本地相应的日期表示
%X	本地相应的时间表示
%Z	当前时区的名称
%%	%号本身

例如：

```
>>> from datetime import date
>>> a = date(2022,1,1)
>>> a.strftime("%y 年%m 月%d 日")
'22 年 01 月 01 日'
>>> a.strftime("%Y 年%m 月%d 日，这是今年的第%j 天")
'2022 年 01 月 01 日，这是今年的第 001 天'
```

6.4.2　time 类

time 类的定义：time(hour, minute, second, microsecond, tzoninfo)，返回指定时分秒的时间。以 12:00:00 为例，定义一个 time 类。

```
>>> from datetime import time
>>> a = time(12,00,00)
>>> a.replace(6,30,00)
datetime.time(6, 30)
>>> a.strftime("%H 点%M 分%S 秒")
'12 点 00 分 00 秒'
```

6.4.3 datetime 类

datetime 类的定义：time(year, month, day[, hour[, minute[, second[, microsecond[,tzinfo]]]]])，返回指定年月日时分秒的日期时间。以 2022-1-1 12:00:00 为例，定义一个 datetime 类。

```
>>> from datetime import datetime
>>> a = datetime(2022,1,1,12,00,00)
>>> a.ctime()
'Sat Jan  1 12:00:00 2022'
>>> datetime.now()                          # 得到当前日期时间
datetime.datetime(2022, 1, 1, 12, 22, 11, 21132)
>>> a.date()
datetime.date(2022, 1, 1)
>>> a.time()
datetime.time(12, 0)
>>> a.strftime('%b-%d-%Y %H:%M:%S')
'Jan-01-2022 12:00:00'
>>> datetime.strptime('Jan-01-2022 12:00:00', '%b-%d-%Y %H:%M:%S')
datetime.datetime(2022, 1, 1, 12, 0)
```

6.4.4 timedelta 类

timedelta 类用于计算两个日期之间的差值。timedelta 类定义：datedelta(days=0, seconds=0, microseconds=0,milliseconds=0, minutes=0, hours=0, weeks=0)。

例如，计算 2021 年 12 月 10 日到 2022 年 1 月 1 日的天数差值、秒数差值等。

```
>>> from datetime import datetime,timedelta
>>> a = datetime(2021,12,10)
>>> b = datetime(2022,1,1)
>>> b-a                          # 两个时间相减，返回 timedelta 类型
datetime.timedelta(days=22)
>>> (b-a).days                   # 计算两个时间的天数差值
22
>>> (b-a).seconds                # 计算两个时间的秒数差值
0
>>> (b-a).total_seconds()        # 计算 a 时间到 b 时间的总秒数
1900800.0
```

例如，计算 2022 年 1 月 1 日的前 8 天 4 小时的日期。

```
>>> from datetime import datetime,timedelta
>>> a = datetime(2022,1,1)
>>> delta = timedelta(days = 8, hours = 4)
>>> a-delta
datetime.datetime(2021, 12, 23, 20, 0)
```

6.5 os 库

os 库提供了 Python 程序和操作系统进行交互的接口，不仅可以方便地与操作系统进

行交互，还增强了代码的可移植性。os 库可以实现对磁盘文件和目录的操作，执行系统命令的操作。

需要注意的是，如果想要读写文件，则可以直接使用内置函数 open()；如果想要逐行读取多个文件，则建议使用 fileinput 模块；如果想要创建临时文件或路径，则建议使用 tempfile 模块；如果想要执行更高级的文件和路径操作，则应当使用 shutil 模块。

6.5.1 os 库的常用功能

1. os.name

os.name 用于返回当前 Python 运行所在的环境，目前有效的名称有 posix、nt、Java。其中 posix 是 Linux 和 Mac OS 环境下的返回值；nt 是 Windows 环境下的返回值；Java 是 Java 虚拟机环境下的返回值。

```
>>> import os
>>> os.name
'nt'
```

以上是在 Windows11 环境下运行的结果。

注意：对于不同的运行环境，os 库的操作的可用性是不同的，在使用 os 库时一定要了解当前的运行环境。也可以在 sys 模块的 sys.platform 属性中查看更详细的信息。

```
>>> import sys
>>> sys.platform
'win32'
```

2. os.environ

os.environ 用于返回系统中对应环境变量名的值。例如，当键为"HOMEPATH"（Windows 环境下），"HOME"（Linux 环境下）的项，对应的值为用户主目录的路径。

```
>>> import os
>>> os.environ["HOMEPATH"]
'\\Users\\12345'
```

3. os.walk(top, topdown=True, onerror=None, followlinks=False)

top 为一个文件目录的路径，该函数以 top 为根节点，从上往下按一定次序遍历 top 中的所有目录和文件，对每一个目录生成一个三元组（dirpath, dirnames, filenames），并返回一个以三元组为元素的列表。其中 dirpath 是对应目录的绝对路径，dirnames 是由 dirpath 目录下的子目录名组成的列表，filenames 是由 dirpath 目录下的所有非目录的文件名组成的列表。

例如，有一个文件目录，其结构如图 6-1 所示。

运行代码：

```
>>> import os
>>> for item in os.walk(r"D:\root"):
...     print(item)
...
('D:\\root\\a', ['c', 'd'], [])
('D:\\root\\a\\c', [], ['1.txt', '2.txt'])
```

```
('D:\\root\\a\\d', [], ['3.txt', '4.txt'])
('D:\\root\\b', ['e', 'f'], [])
('D:\\root\\b\\e', [], ['5.txt', '6.txt'])
('D:\\root\\b\\f', [], ['7.txt', '8.txt'])
```

对 root 文件目录的访问遍历顺序为：root,a,c,d,b,e,f，即从上往下的顺序。

图 6-1　文件目录结构

4．os.listdir(path = '.')

os.listdir(path = '.')用于返回由 path 目录下的全部子文件夹名和文件名组成的列表，默认参数为'.'，即当前路径。通常应用在需要遍历某个文件夹中的文件的场景。

例如，遍历 root 文件夹下的内容：

```
>>> import os
>>> os.listdir(r"D:\root")
['a', 'b']
>>> os.listdir(r"D:\root\a\c")
['1.txt', '2.txt']
```

注意：listdir()只返回当前目录下的内容，不会主动遍历子文件夹中的内容。

5．os.mkdir(path, mode=511, *, dir_fd=None)

新建一个 path 文件夹，需要保证 path 文件夹不存在，只能在已有的文件夹下新建一级文件夹。如果想要新建多级路径则需要使用 os.makedirs(name, mode=511, exist_ok=False)，此时会自动创建多层文件夹。

在 root 目录下新建一个 g 文件夹和 h 文件夹中的 i 文件夹：

```
>>> import os
>>> os.mkdir(r"D:\root\g")
>>> os.makedirs(r"D:\root\h\i")
```

此时，新建文件夹后的目录结构如图 6-2 所示。

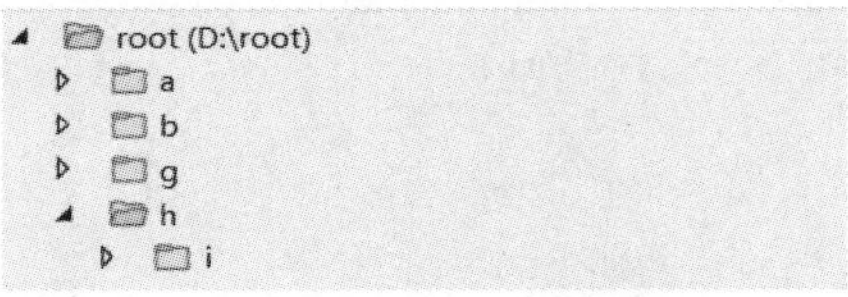

图 6-2　新建文件夹后的目录结构

6. 文件或文件夹的删除

- os.remove(path)：用于删除指定文件，需要保证文件存在。
- os.rmdir(path)：用于删除指定文件夹，只能删除一级空文件夹。
- os.removedirs(name)：用于删除多级空文件夹，直到遇到非空目录停止。

例如：

```
>>> import os
>>> os.remove(r"D:\root\a\c\1.txt")
>>> os.rmdir(r"D:\root\g")
>>> os.removedirs (r"D:\root\h\i")
```

7. os.rename(src, dst)

os.rename(src, dst)用于将文件或文件夹重命名，即将 src 指定的文件或文件夹重命名为 dst 指定的文件或文件夹。需要保证 src 和 dst 的中间路径存在。os.renames(old, new)可以自动创建缺失的中间路径文件夹。

例如，将 d 文件夹的 3.txt 重命名为 9.txt；将 d 文件夹的 4.txt 移动到 e 文件夹下；将 e 文件夹的 5.txt 移动到 g 文件夹下的 j 文件夹中并重命名为 10.txt。

```
>>> import os
>>> os.rename(r"D:\root\a\d\3.txt",r"D:\root\a\d\9.txt")
>>> os.rename(r"D:\root\a\d\4.txt",r"D:\root\b\e\4.txt")
>>> os.renames(r"D:\root\b\e\5.txt";r"D:\root\g\j\10.txt")
```

8. os.getcwd()

os.getcwd()用于返回当前工作路径。在程序运行的过程中，无论物理上程序在实际存储空间的什么地方，当前工作路径都可以认为是程序的所在路径；与之相关的相对路径和同目录下模块导入等操作均以当前工作路径为准。

在交互式环境中，返回的是交互终端打开的位置；而在 Python 文件中，默认返回的是 Python 源代码文件所在的文件夹。

os.chdir(path)可以将 path 文件夹指定为当前工作路径。通过这个函数，跨目录读写文件和调用模块就会变得非常方便，不必再反复地将同一个文件在各个目录之间复制粘贴运行。可以通过脚本指定对应的当前工作路径，实现在一个目录下完成对其他目录文件的操作。

将当前工作路径设置为 root 文件夹：

```
>>> import os
>>> os.getcwd()
'D:\\Python '
>>> os.chdir(r"D:\root")
>>> os.getcwd()
'D:\\root'
```

6.5.2　os.path 模块

os.path 模块中的函数基本上是纯粹的字符串操作。传入该模块函数的参数甚至不需要是一个有效路径，该模块也不会试图访问这个路径，而是仅仅按照路径的通用格式对字符串进行处理。os.path 模块的功能都可以使用字符串操作来实现，该模块的作用是在实现相同功能的时候不必考虑具体的操作系统，尤其是不需要过多关注文件系统路径分隔符的问题。

1．路径格式操作

• os.path.join()。

os.path.join()将多个传入路径组合为一个路径。如果传入路径中存在一个绝对路径格式的字符串，且这个字符串不是函数的第一个参数，则该参数之前的所有参数都会被丢弃，余下的参数再进行组合。只有最后一个绝对路径及其之后的参数才会体现在返回结果中。

合成路径 D:\root\b\e\5.txt：

```
>>> import os
>>> os.path.join("D:\\","b","e","5.txt")
'D:\\b\\e\\5.txt'
>>> os.path.join("b","e","5.txt","D:\\","b","e","5.txt")
'D:\\b\\e\\5.txt'
>>> os.path.join("C:\\","b","e","5.txt","D:\\","b","e","5.txt")
'D:\\b\\e\\5.txt'
```

• os.path.abspath(path)。

os.path.abspath(path)将传入路径转换为绝对路径，并返回一个相应的绝对路径格式的字符串。当传入路径符合绝对路径格式时，该函数仅仅将路径分隔符替换为适应当前系统的字符，不做其他任何操作，并将结果返回；当传入路径为相对路径不符合格式时，该函数会自动获取该相对路径的绝对路径地址字符串。

例如，获取 5.txt 的绝对路径：

```
>>> import os
>>> os.path.abspath(r'D:/b\e\5.txt')
'D:\\b\\e\\5.txt'
>>> os.path.abspath("5.txt")
'D:\\root\\5.txt'
```

• os.path.split(path)。

os.path.split(path)将传入路径以最后一个分隔符为界，分成两个字符串，并打包成元组的形式返回。os.path.dirname(path)和 os.path.basename(path)的返回值分别是 os.path.split()的返回值的第一个、第二个元素。

找到 5.txt 所在的文件夹的路径和文件夹名称：

```
>>> import os
>>> a=os.path.split('D:\\b\\e\\5.txt')
>>>a
('D:\\b\\e', '5.txt')
>>> a = os.path.dirname('D:\\b\\e\\5.txt')
>>> a
```

```
'D:\\b\\e'
>>> os.path.basename('D:\\b\\e\\5.txt')
'5.txt'
```

2. 路径判断操作

- os.path.exists(path)：判断路径所指向的文件或文件夹是否存在。若存在则返回 True，若不存在则返回 False。
- os.path.isabs(path)：判断传入路径是否是绝对路径，若是绝对路径则返回 True，若不是绝对路径则返回 False。
- os.path.isfile(path)：判断传入路径是否是文件，若是文件则返回 True，若是文件夹或无效路径则返回 False。
- os.path.isdir(path)：判断传入路径是否是文件夹，若是文件夹则返回 True，若是文件或无效路径则返回 False。

例如：

```
>>> import os
>>> os.path.exists('D:\\root\\a\\d')
True
>>> os.path.exists('D:\\root\\z')
False
>>> os.path.isabs('D:\\root')
True
>>> os.path.isabs('root')
False
>>> os.path.isfile('D:\\root\\a\\d\\4.txt')
True
>>> os.path.isdir('D:\\root\\a\\d')
True
```

6.6　精彩案例

【例 6-1】编写程序从列表 WORDS= ["Python","love","fun","easy","amazing"]中随机选取一个单词，打乱该单词的字母顺序，要求用户输入正确的单词顺序，在输入正确或错误时给出对应的提示，并询问是否继续挑战。

在单词选取和字母乱序中用到了随机函数，需要导入 random 模块。

```
import random
```

此程序需要用户进行开始的触发，设计一个可以重复触发的机制，需要使用 while 循环条件（输入为继续）和跳出循环的条件（输入为退出）。可以自由设计跳出循环的方式，这里指定输入字母 y（不区分大小写）为开始选取单词。

```
iscontinue="y"
while iscontinue in ("y","Y"):
    # --------------------------------------------------------
```

```
# 打乱字母顺序，输入单词
# -------------------------------------------------
iscontinue = input("\n\n是否继续（Y/N）: ")
```

单词的选取使用 random.choice()函数，从 WORDS 列表中随机选取一个单词赋给变量word。

```
word=random.choice(WORDS)
```

字母乱序：首先将随机选取的单词 word 转换为字符列表 disorder_list，然后利用 random模块的 shuffle()函数实现对字符列表元素的乱序排列，最后再将字符列表 disorder_list 转换为乱序单词字符串。

```
disorder_list=list(word)
random.shuffle(disorder_list)
disorder_word="".join(disorder_list)
```

显示打乱字母顺序后的单词，并要求用户输入正确的单词顺序，使用 if 语句，对于正确结果和错误结果，分别给出不同的输出内容。

```
print("乱序后单词: ",disorder_word)
guess=input("\n输入正确顺序: ")
if guess !=word:
    print("对不起不正确")
else:
    print("输入正确\n")
```

完整的程序代码：

```
import random
WORDS=["Python","love","fun","easy","amazing"]
print("把乱序的字母组合成一个正确的单词")
iscontinue="y"
while iscontinue in ("y","Y"):
    word=random.choice(WORDS)
    disorder_list=list(word)
    random.shuffle(disorder_list)
    disorder_word="".join(disorder_list)
    print("乱序后单词: ",disorder_word)
    guess=input("输入正确顺序: ")
    if guess !=word:
        print("对不起不正确")
    else:
        print("输入正确\n")
        iscontinue = input("是否继续（Y/N）:")
```

运行结果：

```
把乱序的字母组合成一个正确的单词
乱序后单词: Pyhnto

输入正确顺序: Python
```

```
输入正确

是否继续（Y/N）：Y
乱序后单词：veol

输入正确顺序：veol
对不起不正确
是否继续（Y/N）：N
```

【例 6-2】编写程序设计一个倒计时器，输出距离年底还有多少天多少小时多少分钟多少秒。

使用 datetime 库中的 datetime 类。

```
from datetime import datetime
```

获取当前日期的年份，并构造当前年份的 12 月 31 日 23 时 59 分 59 秒为一个日期时间对象。

```
year=datetime.now().year
last_day=datetime(year,12,31,23,59,59)
```

在开始倒计时后，将年底日期时间减去当前日期时间，通过 days 获取两个日期相差的天数，通过 total_seconds()函数获取两个日期相差的总秒数，并将不足一天的时长分别转换为小时、分钟和秒。

```
total_seconds=int(time_diff.total_seconds())   # 获取两个日期相差的总秒数
hours=total_seconds%(24*3600)//3600            # 将不足一天的时长转换为小时
minutes=total_seconds%3600//60                 # 将不足一小时的时长转换为分钟
seconds=total_seconds%60                        # 将不足一分钟的时长转换为秒
```

为了避免程序一直不必要地循环计算上述换算过程，需要在输出完成后让程序暂停 1 秒，此处使用 time 库的 sleep()函数实现程序的暂停，sleep()函数的参数为浮点型的暂停秒数。

完整的程序代码：

```
from datetime import datetime
import time
year=datetime.now().year
last_day=datetime(year,12,31,23,59,59)
while True:
    time_diff=last_day-datetime.now()
    days=time_diff.days
    total_seconds=int(time_diff.total_seconds())   # 获取两个日期相差的总秒数
    hours=total_seconds%(24*3600)//3600            # 将不足一天的时长转换为小时
    minutes=total_seconds%3600//60                 # 将不足一小时的时长转换为分钟
    seconds=total_seconds%60                        # 将不足一分钟的时长转换为秒
    # \r 表示转到当前行行首继续输出
    print(f'\r 距离年底：{days}天{hours:0>2d}小时{minutes:0>2d}分钟{seconds:0>2d}秒',end="")
    # 程序在此暂停 1 秒
```

```
time.sleep(1)
```

上述代码的运行结果：

```
距离年底：150 天 01 小时 36 分钟 23 秒
```

【例 6-3】编写程序输出指定目录下所有文件的大小之和。

使用递归思想解决这个问题。这里的问题是求出一个目录的大小，一个目录的大小是指该目录下所有文件的大小之和。目录中有文件和目录两种存在，其结构如图 6-3 所示。

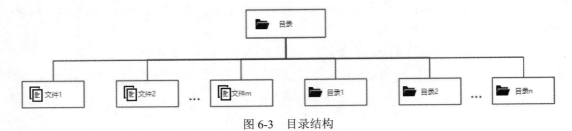

图 6-3　目录结构

需要明确的是，递归是将一个求解问题转换为不同参数的相同求解问题，直至最终找到一个明确值并层层回调的求解过程。

为了避免递归出现死循环，需要在递归程序中设计以下两个条件。

（1）递推关系：保证所有情况都可以被拆分成基本问题。求目录大小的递推关系就是要保证一个目录可以计算出其大小。

（2）终止递归条件：需要有判定语句，在不需要继续递归时及时返回。在本案例中，不需要递归时的判定语句为是否是目录路径，返回语句为文件的大小。

掌握了递归的思路，需要为本案例设计一个递归函数 getSize(path)，返回值为 path 路径的大小。

递推关系的设计：一个目录中有文件和目录两种路径形式，当路径为文件时，使用os.path.getsize()返回文件的大小；当路径为目录时，遍历此目录，对目录中的每一个路径都进行相同的递归。

```
lst = os.listdir(path)
for subdirectory in lst:
    size += getSize(f"{path}\\{subdirectory}")
```

终止递归条件的设计：当路径为文件时，size 为此文件的大小，并返回此 size 值。

```
if not os.path.isfile(path):
# ------------------------------
# 递推关系
# ------------------------------
else:
    size += os.path.getsize(path)
return size
```

这里的 os.path.isfile(path)函数用来检测一个文件是否存在，如果 path 是一个文件名，则返回 True，否则，返回 False。os.path.getsize(path)函数返回 path 文件的大小，以字节为单位。os.listdir(path)函数返回 path 目录中的子目录名称和文件名称列表。

完整的程序代码：

```
import os
def getSize(path):
    size = 0
    if not os.path.isfile(path):
        lst = os.listdir(path)
        for subdirectory in lst:
            size += getSize(f"{path}\\{subdirectory}")
    else:
        size += os.path.getsize(path)
    return size
path = input("请输入一个目录或文件的地址：").strip()
if os.path.exists(path):
    print(getSize(path),"bytes")
```

上述代码的运行结果如下。

./为当前目录：

```
请输入一个目录或文件的地址：./
1561 bytes
```

../为上一级目录：

```
请输入一个目录或文件的地址：../
17880 bytes
```

除了使用listdir()函数递归外，本案例还可以使用walk()函数直接遍历文件并计算大小。使用 walk()函数实现的代码如下。

```
import os
def getSize(path):
    size=0
    for dir,sub_dirs,files in os.walk(path):
        for file in files:
            size+=os.path.getsize(os.path.join(dir,file))
    return size

path = input("请输入一个目录或文件的地址：").strip()
if os.path.exists(path):
    print(getSize(path),"bytes")
```

本章小结

本章介绍了标准库和第三方库的两种导入方式：import 语句和 from…import 语句。

本章还介绍了标准库 math 库、random 库、datetime 库和 os 库。math 库提供了常用的数学运算函数和常数。random 库提供了 random()随机函数和 seed()函数，以及由这两个函数引出的几种常用的随机函数。datetime 库通过 date 类、time 类和 datetime 类提供了日期、时间和日期时间的相关函数操作。os 库提供了文件和文件夹的常用的操作函数。

通过本章的学习，读者应该掌握 math 库、random 库、datetime 库和 os 库中常用的函数的使用。

习题

一、简答题

1. 简述 import 语句和 from…import 语句引入库的方式的区别。
2. 简述 seed()函数的实现机理。
3. datatime 模块中有哪几个常见的类？
4. os 库的主要功能是什么？

二、选择题

1. 下列选项中，导入 random 库后，语句不正确的是（   ）。
   A．random.choice((0,1,2,3,4))
   B．random.choice({0,1,2,3,4})
   C．random.choice([0,1,2,3,4])
   D．random.choice("01234")
2. 下面程序段运行后不会出现的结果是（   ）。

```
>>> import random
>>> random.random()
```

   A．0.0
   B．1.0
   C．0.9379628199734925
   D．0.1234567890123456
3. 下面程序段运行后最多出现几种结果（   ）。

```
>>> import random
>>> random.randint(0,5)
```

   A．5
   B．6
   C．7
   D．无数种
4. 对于以下代码，下列选项中的操作会出现错误的是（   ）。

```
>>> from datetime import datetime,timedelta
>>> a = datetime(2022,1,1)
>>> delta = timedelta(days = 8)
```

   A．a – delta
   B．–delta
   C．a * delta
   D．delta * 5
5. 下面程序的运行结果是（   ）。

```
import math
a = math.ceil(-0.5)
b = math.ceil(-1.5)
c = math.floor(-0.5)
d = math.floor(0.5)
e = round(2.45)
f = round(2.45,1)
```

```
print(str(a+b+c+d+e+f))
```

  A．2.5   B．4.5

  C．3.5   D．变量类型不一致，报错

三、编程题

1．编写程序输入两个正整数 m 和 n，求最大公约数（使用 math 库实现）。

2．编写程序求 1!+2!+3!+…+19!+20!（使用 math 库实现）。

3．编写一个可以查看本层目录文件列表、上层目录文件列表和下层目录文件列表的程序（使用 os 库实现）。

4．编写程序打印如表 6-3 所示的数据，显示从 0 度到 360 度每隔 10 度的角度的 sin 值和 cos 值。对这些值进行四舍五入，保留小数点后 4 位。

表 6-3　编程题 4 的数据

角度	sin 值	cos 值
0	0.0000	1.0000
10	0.1736	0.9848
...	...	...
350	-0.1736	0.9848
360	0.0000	1.0000

## 第 7 章

文件

日常生活中的一篇文章、一段音频或一个程序都被称为文件，这些文件可以用文字、图片、代码等形式长久存放在存储设备中。每个文件通过文件夹位置和文件名来区分。在计算机中，按照文件的功能可以将文件分为文本文件、视频文件、音频文件、图像文件、可执行文件等多种类别，从数据存储的角度来说，所有的文件本质上都是由二进制字节组成的。之所以有不同的文件格式，主要是因为文件的创建者和解释者约定好的解释方式。

Python 将文件分为文本文件和二进制文件。需要注意的是，所有的文件本质上都为二进制文件。文本文件即纯文本的文件，文件中存储的内容都是文本字符。除文本文件外的其他文件，如图像文件、视频文件、可执行文件等均为二进制文件。

本章重点：

- 理解文件的打开模式。
- 掌握文本文件和二进制文件的读写。
- 掌握 pickle 文件的存取。

7.1 文件的打开与关闭

7.1.1 文件的打开

在处理数据文件之前，首要步骤是将文件打开，并给打开的文件分配一个标识符，以便后续对文件的读取、写入、关闭等操作。Python 中的内置函数 open()能够实现打开文件的操作，open()函数创建一个文件对象，该对象将用于调用与其相关联的操作，其语法结构如下。

```
open(file, mode='r', encoding=None)
```

open()函数只包含一个没有默认值的参数 file。

file 为需要打开的文件的路径，可以是绝对路径，也可以是相对路径。

mode 用来指定打开文件的模式，文件的打开模式如表 7-1 所示。

表 7-1 文件的打开模式

模式	文件指针位置	含义
r	文件开头	即 rt，以只读方式，文本格式打开文件。这是默认模式
rb	文件开头	以只读方式，二进制格式打开文件。一般用于图片等非文本文件
w	文件开头	即 wt，以只写方式，文本格式打开文件。如果文件存在，则会删除原有文件信息，从头开始写入。如果文件不存在，则会创建新文件
wb	文件开头	以只写方式，二进制格式打开文件。如果文件存在，则会删除原有文件信息，从头开始写入。如果文件不存在，则会创建新文件
a	文件末尾	以追加方式，文本格式打开文件。新增内容会写入已有内容的后面，如果文件不存在，则会创建新文件
a+	文件末尾	如果文本存在，则以追加方式，文本格式打开文件，新增内容会写入已有内容的后面。如果文件不存在，则会创建新文件，以 r+模式打开文件
w+	文件开头	以读写方式，文本格式打开文件。如果文件存在，则会删除原有文件信息，从头开始写入。如果文件不存在，则会创建新文件
r+	文件开头	以读写方式，文本格式打开文件

在文件的打开模式中，有 r（只读）、w（只写）、a（追加）3 种基本模式与 b（二进制模式）、t（文本模式）、+（读写模式）的多种组合。

由于文本文件存在编码问题，所以在读写文本文件时需要指定文本文件的编码方式。由于在二进制文件中不存在编码问题，所以读写二进制文件时不能设置文件编码。在 open() 函数中，encoding 参数用于设置文本文件的编码方式，文本文件的编码方式如表 7-2 所示。

表 7-2 文本文件的编码方式

编码方式	含义
UTF-8	以 UTF-8 编码方式读写文件，常用的文本文件编码方式
ASCII	以 ASCII 编码方式读写文件
GBK	以 GBK 编码方式读写文件

例如：

```
# 以 UTF-8 编码只读文本方式打开 test1.txt 文件
f1=open('test1.txt','r',encoding='UTF-8')
# 以二进制读方式打开 test2.docx 文件
f2=open('test2.docx','rb')
```

7.1.2 文件的关闭

在对打开的文件操作完毕后，需要关闭文件。

文件对象的 close()函数用来关闭一个已经打开的文件。文件关闭后就不能再对文件对象进行读写操作，否则会报 ValueError 错误。在 Python 中，当文件对象被引用操作另外一个文件时，Python 会自动关闭之前的文件对象。

以下代码实现了对 test.txt 文件的打开和关闭操作。

```
>>> f = open("D:\\root\\test.txt")
```

```
>>> f.name
'D:\\root\\test.txt'
>>> f.close()
```

7.1.3　with 语句

对于有固定的开始和结束语句的任务，Python 提供了 with 语句来简洁地处理这种情况。例如，本章介绍的文件处理，每次文件处理在开始时都需要获取一个文件句柄，在文件处理结束时需要关闭文件句柄。

在 fileTest.txt 文件中有一段 "I love Python." 的内容，读取文件内容的常规操作如下。

```
>>> f = open(r"D:\root\fileTest.txt")
>>> f.read()                        # 读取文件内容，在下一节中会介绍
'I love Python.'
>>> f.close()
```

但是这样做有两个隐患，一是文件处理操作可能比较烦琐，代码较长，打开关闭频繁可能忘记关闭文件句柄；二是由于在读取文件数据时发生异常情况，没有进行任何处理，所以需要加入后面章节介绍的 try…except…finally 异常处理语句，使得代码更加复杂。

```
f = open(r"D:\root\fileTest.txt")
try:                                # 第八章将会介绍相关内容
    a=f.read()
    print(a)
finally:
    f.close()
```

这样会使代码冗长，而 with 语句很好地解决了这个问题，使代码更简洁。

with 语句打开文件的基本语法结构如下。

```
with 打开文件 [as file]:
    操作语句
```

其中，file 是打开的文件对应的文件对象，在操作语句中通过这个文件对象来对打开的文件进行操作。

with 语句打开文件的执行过程为：在进入 with 语句后，首先打开文件并返回一个文件对象，之后执行 with 语句中的操作代码块，最后在跳出 with 语句时会自动关闭打开的文件对象。

在日常使用过程中，with 语句适用于对资源进行访问的情况，确保不管使用过程中是否发生异常都会执行必要的"清理"操作，释放资源，如文件在使用后自动关闭、线程中锁的自动获取和释放等。

使用 with 语句对文件进行读写，可以将上述的文件读操作简化为：

```
with open(r"D:\root\fileTest.txt") as f:
    a=f.read()
    print(a)
```

7.2　文件的读写

7.2.1　文本文件的读写

1．读取文本文件

在读取文本文件时，尤其是文本文件含有中文时，需要注意要读的文本文件的编码方式要与打开的文件设置时的编码方式一致。在使用 open()函数打开文件时，encoding 参数可以对编码方式进行设置。

读取文本文件中的全部内容，可以通过文件对象的 read()函数实现，并以字符串的形式返回文本文件的全部信息。文件对象的 read()函数的语法格式如下。

```
文件对象.read(n)
```

其中，n 表示读取的字符数，如果省略 n，则读取文件的所有内容。

例如，有一个 UTF-8 编码方式的文本文件 fileRW.txt，其内容如下。

```
I love Python.
我爱 Python 语言。
You love Python.
We love Python.
```

使用下列语句读取出 fileRW.txt 文件的内容。

```
with open(r"D:\root\fileRW.txt") as f:
    print(f.read())
```

运行上述代码将会报如下错误。

```
UnicodeDecodeError: 'GBK' codec can't decode byte 0xad in position 30:
illegal multibyte sequence
```

由于文件内容含有中文，open()函数的 encoding 参数的默认设置为 GBK，而 fileRW.txt 文件的编码方式为 UTF-8，编码方式不一致，所以会提示错误信息，需要主动指定编码方式。

```
with open(r"D:\root\fileRW.txt",encoding="UTF-8") as f:
    print(f.read())
```

运行上面的代码，输出结果如下。

```
I love Python.
我爱 Python 语言。
You love Python.
We love Python.
```

在读取文本文件内容时，可以使用 readline()函数读取文件的一行内容（包含文件行尾的换行符）。

例如：

```
with open(r"D:\root\fileRW.txt",encoding="UTF-8") as f:
    print(f.readline())
```

```
    print(f.readline())
```

运行上面的代码，输出结果如下。

```
I love Python.

我爱 Python 语言。
```

此外，也可以通过 readlines()函数读取一个文本文件的所有行内容，并返回一个字符串列表。例如：

```
with open(r"D:\root\fileRW.txt",encoding="UTF-8") as f:
    lines=f.readlines()
    print(lines)
```

运行上面的代码，输出结果如下。

```
['I love Python.\n', '我爱 Python 语言。\n', 'You love Python.\n', 'We love Python.']
```

另外，还可以通过循环遍历文件对象的方式，读取文件的每一行内容。例如：

```
with open(r'c:\testRW.txt','r',encoding='UTF-8') as f:
    for line in f:
        print(line,end="")
```

运行上面的代码，输出结果如下。

```
I love Python.
我爱 Python 语言。
You love Python.
We love Python.
```

2．写入文本文件

文本文件的写入有两种方式，一种是"w"模式，该模式下若文件不存在，则新建该文件，若文件存在，则会将原有文件内容删掉，重新写入新的内容；另一种是"a"模式，该模式要求文件必须存在，并在原有文件内容后面追加新的内容。

可以通过文件对象的 write()函数将文本内容写入文本文件。

例如，将"He loves Python"文本内容追加到 fileRW.txt 文件中。

```
with open(r"D:\root\fileRW.txt", "a", encoding="UTF-8") as f:
    f.write("He loves Python")
```

运行上面的代码后，fileRW.txt 的文件内容如下。

```
I love Python.
我爱 Python 语言。
You love Python.
We love Python.
He loves Python
```

例如，将"She loves Python"文本内容写入 fileRW.txt 文件。

```
with open(r"D:\root\fileRW.txt", "w", encoding="UTF-8") as f:
    f.write("She loves Python")
```

运行上面的代码后，**fileRW.txt** 的文件内容如下。

```
She loves Python
```

3. 读写文本文件

"r+"、"w+" 和 "a+" 都可以用于文本文件的读写操作，区别在于以下内容。

- r+：可读、可写，若文件不存在则会报错，写操作时会覆盖。
- w+：可读、可写，若文件不存在则先创建，写操作时会覆盖。
- a+：可读、可写，若文件不存在则先创建，写操作时不会覆盖，追加在末尾。

4. seek()函数与 tell()函数

seek()函数用于移动文件读取指针到指定位置。其语法结构如下。

```
文件对象.seek(offset[,whence])
```

offset 为开始的偏移量，代表需要移动偏移的字节数；whence 为可选参数，默认值为 0，代表给 offset 参数的一个定义，即从哪个位置开始偏移（0 代表从文件开头；1 代表从当前位置；2 代表从文件末尾）。

如果移动成功，则函数返回新的文件位置，如果移动失败，则函数返回-1。

例如，word.txt 文件的内容如下。

```
Python,love,fun,easy,amazing
```

首先直接读取文件。

```
with open("word.txt") as f:
    print(f.readline())
```

运行上面代码的输出结果如下。

```
Python,love,fun,easy,amazing
```

重新设置文件，设置偏移量为 7。

```
with open("word.txt") as f:
    f.seek(7)
    print(f.readline())
```

运行上面代码的输出结果如下。

```
love,fun,easy,amazing
```

tell()函数用于返回文件的当前位置，即文件指针的当前位置。其语法结构如下：

```
文件对象.tell()
```

对 word.txt 文件在未读取前调用一次 tell()函数，在读取全部文件后再调用一次 tell()函数。

```
with open("word.txt") as f:
    print(f"指针位置：{f.tell()}")
    print(f.readlines())
    print(f"指针位置：{f.tell()}")
```

运行上面代码的输出结果如下。

```
指针位置: 0
['Python,love,fun,easy,amazing']
指针位置: 28
```

7.2.2　二进制文件的读写

二进制文件的读和写都是按字节或字节序列进行的。

1. 读二进制文件

之前介绍过文本文件本质上是二进制文件，只不过通过约定的编码方式以文本的形式显示出来。以只读的方式打开二进制文件时，open()函数的 mode 参数应为"rb"。

尝试用读二进制文件的模式读取 fileRW.txt 文件的内容。

```python
with open(r"D:\root\fileRW.txt", mode = "rb") as f:
    a = f.read()
    print(a, end='')
```

运行上面代码的输出结果如下。

```
b'She love Python'
```

通常情况下并不需要用二进制模式打开文本文件，而是用二进制模式打开图片文件、视频文件等二进制文件。Python 提供的 struct 库可以帮助我们将数据转换为字节数据，将字节数据转换为原始数据。

struct 库有以下两个基本操作。

```python
# 将原始数据 v1, v2, ...根据 fmt 格式转换为字节串
struct.pack(fmt, v1, v2, ...)
# 将字节数据 bytes_arr 根据 fmt 格式转换为原始数据元组 val_arr
val_arr = struct.unpack(fmt, bytes_arr)
```

fmt 是一个格式转换标准，以字符串的形式提供。需要注意字节顺序和数据字节大小。

字节顺序有两种表示方法：大端表示（多字节的最高位存储在起始地址）与小端表示（多字节的最低位存储在起始地址），如 int 类型的整数 16909060（其十六进制表示为 0x01020304）。

大端表示（使用">"或"!"定义），最高位在前，0x01, 0x02, 0x03, 0x04，将 0x01020304 每个字节按由高到低顺序排列。

小端表示（使用 "<"定义），最低位在前，0x04, 0x03, 0x02, 0x01 将 0x01020304 每个字节按由低到高顺序排列。

fmt 格式参数如表 7-3 所示。

表 7-3　fmt 格式参数

格式参数	Python 类型	标准字节长度
x	no value	不占用
c	bytes of length 1	1
b/B	integer	1
?	bool	1

续表

格式参数	Python 类型	标准字节长度
h/H	integer	2
i/I l/L	integer	4
q/Q	integer	8
e	float	2
f	float	4
d	float	8
s	bytes	实际字节数

在使用 fmt 格式参数时，需要注意以下几点：

- x 表示填充字节。如果首字符为 "=、<、>"，且设置的是不填充，那么一个 x 代表一个字节，pack 中不需要有数据与之对应。

```
>>> import struct
>>> [hex(i) for i in struct.pack('<i',16909060)]
['0x4', '0x3', '0x2', '0x1']
>>> [hex(i) for i in struct.pack('<xxi',16909060)]
['0x0', '0x0', '0x4', '0x3', '0x2', '0x1']
```

- c 表示的是一个字符，只能用字节数据，并且字节长度只能是 1。可以在 c 前面加数字，避免连续写几个 c（也适用于 x）。

```
>>> [hex(i) for i in struct.pack('<3ci', b'a', b'b', b'c',16909060)]
['0x61', '0x62', '0x63', '0x4', '0x3', '0x2', '0x1']
```

- s 表示的是字符串，只能用字节数据，不过字节长度可以大于 1。在 s 前面加数字，表示这个串的长度。如果后面字节数不够，则会填充 0；如果后面字节数过长，则会进行截取。

```
>>> [hex(i) for i in struct.pack('<1si', b'abc',16909060)]
['0x61', '0x4', '0x3', '0x2', '0x1']
>>> [hex(i) for i in struct.pack('<10si', b'abc',16909060)]
['0x61', '0x62', '0x63', '0x0', '0x0', '0x0', '0x0', '0x0', '0x0', '0x0',
'0x4', '0x3', '0x2', '0x1']
```

可以在 open() 函数中使用 rb 作为 mode 打开文件，再使用 struct.unpack() 函数解析 bytes 数据。

2. 写二进制文件

在写二进制文件时，可以在 open() 函数中使用 wb 或者 ab 作为 mode 打开文件，再使用 struct.pack() 函数将数据转换为 bytes 数据后写入文件。

```
import struct
with open(r"D:\root\binaryW.raw", "wb") as f:
    val_list = [32768, 2, 57344, 1, 78643200, 4044552192]
    # 注意根据 struct.pack() 函数的定义，必须使用*对 list 解包
```

```
    a = struct.pack("<4H2I", *val_list)
    print(a)
.    f.write(a)
```

运行上面代码的输出结果如下。

```
b'\x00\x80\x02\x00\x00\xe0\x01\x00\x00\x00\xb0\x04\x00\xf8\x12\xf1'
```

此处 fmt 为 "<4H2I"，即使用小端表示，前 4 个数使用 2 字节的 integer 格式，后两个数使用 4 字节的 integer 格式，总共使用了 16 个字节。binaryW.raw 文件中的十六进制信息如下。

```
\x00 \x80 \x02 \x00 \x00 \xe0 \x01 \x00
```

7.2.3　pickle 二进制文件的读写

pickle 模块可以直接将数据以二进制的形式存储在 pickle 文件中，避免了使用 struct 库转换带来的不便。

1．写入 pickle 文件

pickle 模块可以将对象数据永久保存到一个 pickle 文件中。在读取时，将该文件中的数据按写入的内容进行读取即可。

pickle.dump(obj,file)序列化对象，并将结果数据流写入文件对象中。

其中，obj 为输入对象，包含几乎所有的 Python 数据类型（基本数据类型、列表、字典和集合等），file 表示文件对象。

```
import pickle
s= "pictures"
n=10
obj = dict(pictureName = 'car', time = "2022-1-1 12:30:00", lable = 0)
with open(r"D:\root\picture1.pkl", "wb") as f:
    pickle.dump(s,f)
    pickle.dump(n,f)
    pickle.dump(obj,f)
```

本例将一个字符串、整数和字典对象，以二进制的形式存储在root文件夹的picture1.pkl文件中。

2．读取 pickle 文件

pickle.load(file) 反序列化对象，并将文件中的数据解析为一个 Python 对象。

例如，将 picture1.pkl 文件中的信息读取出来。

```
import pickle
with open(r"D:\root\picture1.pkl", "rb") as f:
    s=pickle.load(f)
    n=pickle.load(f)
    dict1=pickle.load(f)
    print(s)
    print(n)
    for k,v in dict1.items():
```

```
print(f'{k}:{v}')
```

运行上面代码的输出结果如下。

```
pictures
10
pictureName:car
time:2022-1-1 12:30:00
lable:0
```

注意：pickle 文件有两个缺点：（1）pickle 库不支持并发访问持久性对象，在复杂的系统环境下，尤其是读取海量数据时，使用 pickle 会使整个系统的 I/O 读取性能成为瓶颈。（2）pickle 序列化后的数据可读性差。

7.3 精彩案例

【例 7-1】改进例 6-1，编写程序从 word.txt 文件中随机选择一个单词，打乱字母顺序，要求用户输入正确的单词顺序，在输入正确或错误时给出对应的提示。随机方法同例 6-1。

需要读取 word.txt 文件的内容，先观察 word.txt 文件的内容形式。

```
Python,love,fun,easy,amazing
```

每个单词间用逗号隔开，只需使用 open()函数，mode 为 r 打开文件，将单词放入一个列表。

```
wordList = []
with open("word.txt",mode='r') as f:
    wordList = f.read().split(',')
```

完整的程序代码：

```
import random
with open("word.txt",mode='r') as f:
    wordList = f.read().split(',')
print("把乱序的字母组合成一个正确的单词")
iscontinue="y"
while iscontinue in ("y" ,"Y"):
    word=random.choice(wordList)
    disorder_list=list(word)
    random.shuffle (disorder_list)
    disorder_word ="".join(disorder_list)
    print("乱序后单词: ", disorder_word)
    guess=input("\n 输入正确顺序: ")
    if guess !=word:
        print("对不起不正确")
    else:
        print("输入正确\n")
        iscontinue = input("\n\n 是否继续（Y/N）: ")
```

上述代码的运行结果如下。

```
把乱序的字母组合成一个正确的单词
乱序后单词: Pyhnto

输入正确顺序: Python
输入正确

是否继续（Y/N）: Y
乱序后单词: veol

输入正确顺序: veol
对不起不正确
是否继续（Y/N）: N
```

【例 7-2】timeRecord.txt 文件中记录有多个日期的数据，编写程序将不同日期的数据提取出来。日期作为文件名，对应的数据作为文件内容保存。

```
timeRecord.txt 文件:
2022-1-1:0.125,0.746,0.571,0.687,0.561
2022-1-1:0.135,0.546,0.523,0.687,0.561
2022-1-2:0.125,0.346,0.541,0.667,0.561
2022-1-2:0.225,0.346,0.541,0.667,0.561
2022-1-4:0.115,0.743,0.574,0.787,0.861
2022-1-5:0.145,0.756,0.591,0.681,0.461
```

观察文件形式为每个日期对应的数据占一行，其中相同的日期可能会有多行，如 2022-1-1 和 2022-1-2 两个日期各有两行数据，2022-1-4 和 2022-1-5 两个日期各有一行数据。

可以分析出日期与数据为一对多的映射关系，每组数据对应唯一的一个日期，每个日期对应多组数据。可以使用字典类型读取 timeRecord.txt 文件，字典的键为日期，字典的值为由多组数据组成的列表。

```
<日期，数据字符串>
```

将文件全部读取出来，并将每一行作为一个元素赋值给 dataList 数组。

```
with open("timeRecord.txt",mode='r') as f:
    dataList = f.readlines()
```

以 ":" 为分隔符，将时间和对应的数据赋给 timeDict 字典。

```
timeDict = {}
for data in dataList:
    split_list=data.split(':')
    key=split_list[0]
    value=split_list[1]
    if key in timeDict:
        timeDict[key] += value
    else:
        timeDict[key] =value
```

通过遍历字典的键，分别为每个日期创建一个文件，并将键对应的数据写入文件。

```
for key,value in timeDict.items():
    with open(key +".txt",mode='w') as f:
        f.write(value)
```

完整的程序代码：

```
timeDict = {}
with open("timeRecord.txt",mode='r') as f:
    dataList = f.readlines()
for data in dataList:
    split_list=data.split(':')
    key=split_list[0]
    value=split_list[1]
    if key in timeDict:
        timeDict[key] += value
    else:
        timeDict[key] =value
for key,value in timeDict.items():
    with open(key +".txt",mode='w') as f:
        f.write(value)
```

【例 7-3】编写程序统计一个 UTF-8 编码方式的 words.txt 文件中出现次数最多的前 10 个单词，并按倒序输出这些单词以及出现的次数。

首先，需要将文件中的内容读取出来并将标点符号和换行符替换为空格字符；其次，需要将字符串中的大小写统一转换为小写（大写）；最后，以空格对字符串进行切割并统计次数。

程序的源代码：

```
words_count={}                        # 保存单词统计结果的字典
with open('words.txt','r',encoding='UTF-8') as f:
    words=f.read()
# 由于标点符号中包含单引号和双引号，所以字符串使用三引号分隔符
punctuations=''',.!@# $%^&*()-+_="[]|;':/?><\\\r\n\t'''
# 将所有的标点符号和换行符替换为空格字符
for c in punctuations:
    words=words.replace(c,' ')
# 将所有的单词转换为小写，并以空格切割单词
words=words.lower()
word_list=words.split()
# 统计单词出现的次数
for word in word_list:
    if word in words_count:
        words_count[word]+=1
    else:
        words_count[word]=1
# 将单词的出现次数转换为列表，并按次数倒序排列
words_count_list=list(words_count.items())
```

```
words_count_list.sort(key=lambda x:x[1],reverse=True)
# 输出出现次数最高的前 10 个单词及出现次数
words_count10=words_count_list[:10]
for word,count in words_count10:
    print(f'{word}: {count}次')
```

上述代码的运行结果如下。

```
the: 72 次
i: 66 次
will: 52 次
and: 51 次
to: 43 次
of: 41 次
my: 33 次
in: 28 次
a: 27 次
for: 25 次
```

【例 7-4】编写程序对一个任意文件进行异或加密和解密。在异或操作中假定 a 是原文待加密字节，b 是整数密码，c 是 a 和 b 异或的结果，即 c=a^b，则有 c^b=a，即加密结果 c 再次异或密码 b 即可得到原文字节 a。因此，可以利用异或操作实现对文件的加密和解密。

```
file=input("请输入要加密/解密的文件名: ")
# 加密秘钥
key=125
with open(file,'rb') as f:
    data_bytes=f.read()
# 用于保存所有字节数据的变量，初始值设为空字节
result_bytes=b''
for byte in data_bytes:
    # 将异或结果转换为字节类型，1 表示转换为 1 个字节，big 表示大端，little 表示小端
    encrypted_byte=(byte ^ key).to_bytes(1,'big')
    # 将加密字节连接到一起
    result_bytes+=encrypted_byte
# 将加密后的所有字节写回原文件
with open(file,'wb') as f:
    f.write(result_bytes)
print("加密/解密成功")
```

在当前文件夹下新建一个 test.txt 文件，并录入下面的内容。

```
I love Python.
我爱Python。
```

运行上面的代码，并输入 test.txt，则原来的文件内容已经被加密。再次运行上面的代码，并输入 test.txt，则把加密内容又还原为原始内容，即完成了解密操作。

由于上述代码是通过二进制方式打开的文件，并对文件内容进行加密，所以上述代码可以加密 Word、Excel、PowerPoint、EXE 等任意类型的文件。

本章小结

本章主要介绍了文本文件和二进制文件的打开、读写和关闭操作。

在 Python 中，通过 open()函数打开文件，通过 close()函数关闭文件，打开文件时可以根据需要选择打开的模式和打开文本文件时的编码方式。为了避免忘记关闭文件或者由于操作异常导致没有执行关闭文件的代码，推荐使用 with 语句执行文件的打开操作。

可以通过 read()、readline()和 readlines()函数对文本文件进行读取，通过 read()函数对二进制文件进行读取。通过 write()函数实现对文本文件和二进制文件的写入操作。读取二进制文件时可能会用到 struct 库，本章对 struct.pack()函数中的 fmt 参数规则做了详细的介绍。使用 pickle 库的 dump()函数可以将对象序列化，使用 pickle 库的 load()函数可以实现对象反序列化操作。

通过本章的学习，读者应该掌握 Python 中文本文件和二进制文件的读写以及使用 pickle 库读写二进制文件。

习题

一、选择题

1. 向文件中写入内容时，下列哪种模式不会删除原有文件（   ）。

A. w   B. r+   C. a+   D. w+

2. 下列哪种格式的文件不属于二进制文件（   ）。

A. MP3   B. MP4   C. jpg   D. log

3. 对于下面的程序段，说法正确的是（   ）。

```
with open(r"D:/root/fileTest.txt") as f:
    print(f.read())
```

A. 没有 close()函数，会报错

B. 没有 close()函数，不会报错，但是不符合规范

C. 程序会输出 fileTest.txt 文件的全部内容

D. 程序没有问题，也符合规范

4. 对于数字 0x12345678 在内存中的表示，下列说法正确的是（   ）。

A. 大端模式下为 0x12 0x34 0x56 0x78

B. 小端模式下为 0x12 0x34 0x56 0x78

C. 大端模式下低地址存放的是 0x78

D. 小端模式下低地址存放的是 0x12

二、编程题

1. 利用文件读写方式，编写程序实现一个文件的复制功能，输入源文件 a 和目标文件夹，将 a 文件复制到目标文件夹中。

2．设计一个图片信息存储结构，要求保存图片的序列（无符号整数）、名称（字符串）、特征 1（整数）、特征 2（浮点数）、特征 3（字符串）、标签（0～10），将至少 3 个图片信息存储在 pickle 文件中。

3．编写一个程序，将随机产生的 100 个整数写入一个文件。文件中的整数由空格分开。从文件中读回数据，然后显示排好序的数据。要求程序应当提示用户输入一个文件名。如果文件已经存在，则不能覆盖它。案例如下：

```
输入文件名：test.txt
此文件已经存在
输入文件名：test.txt
1 23 41 ... 98
```

4．创建一个有 1000 行的数据文件。文件中的每一行都是由教师的姓、名、职称和工资组成。第 i 行教师的姓和名假设为 FirstName_i 和 LastName_i。职称随机生成为助教、讲师、副教授和教授。工资也是随机生成的，小数点后保留两位。助教的工资在 5000 到 8000 之间，副教授的工资在 6000 到 11000 之间，教授的工资在 7500 到 13000 之间。将数据存入 Salary.txt 文件中。下面是一些实例数据：

FirstName_1 LastName_1 副教授 7566.25

FirstName_2 LastName_2 讲师 6132.25

...

FirstName_1000 LastName_1000 教授 9325.23

将 Salary.txt 文件内容按工资从高到低的顺序排列后重新写入该文件，同时计算并输出平均工资。

第8章

异常处理

在学习编程的过程和实际工作应用中，程序出现错误和异常是常有的事情。学会处理错误，通过信息去定位异常是每个编程人员必须掌握的技能，这样不仅会极大地提高自身的编程能力，还会通过使用异常处理的功能使代码更加健壮。

本章重点：

- 了解异常的常见类型，掌握分析错误的方法。
- 掌握用 try…except 语句处理异常。
- 掌握用 assert 语句进行断言。
- 了解用 raise 语句抛出异常。

8.1 错误与异常的概念

8.1.1 错误

在使用 Python 时，编写代码的过程中出现的错误一般分为语法错误和逻辑错误。

语法错误指代码不符合 Python 解释器语法。计算机语言不像生活中使用的母语，计算机语言对语法有着绝对严格的要求，如日常书写过程中标点的偶尔丢失并不会影响对语句的理解，而在计算机中每一个规定的符号都有具体的使用要求，一个标点的错误使用直接导致程序无法运行。在刚接触 Python 时，缩进错误（相同逻辑层没有保持相同的缩进）、符号错误（使用了与英文符号相似的中文符号，如中文的圆括号和中文的冒号）、变量未定义错误是经常出现的错误。

当出现语法错误时，在程序执行前编程软件就会提示错误信息，这时需要及时按照提示信息进行改正，否则程序无法正常执行。

1. 缩进错误

```
a = 0
    b = 2
```

运行上面的代码，将报下面的错误。

```
File "<input>", line 1
        b = 2
IndentationError: unexpected indent
```

这里 a 和 b 的赋值在同一个逻辑层中，应该使用相同的缩进，出现错误时会提示缩进错误的信息。

2. 符号错误

```
for i in range(0,2)：
    print(i)
```

运行上面的代码，将报下面的错误。

```
File "<input>", line 1
        for i in range(0,2)：
                           ^
SyntaxError: invalid character '：' (U+FF1A)
```

这里应该使用英文的冒号 ":"，而不是中文的冒号 "："，Python 会将出错的位置指示出来，并给出提示错误信息。

3. 变量未定义

```
a = c + 1
```

运行上面的代码，将报下面的错误。

```
File "<input>", line 1, in <module>
NameError: name 'c' is not defined
```

这里的 c 在前面没有给出定义信息，Python 会给出变量名称未定义的提示错误信息。

逻辑错误指由不完整或者不合理输入导致的错误，还可能是逻辑无法生成、计算或是运行结果需要的过程无法执行。逻辑错误一般是在程序尝试执行时引发的。例如，在程序中接收了一个输入值，无法转换成对应的类型的变量；程序陷入无法跳出的死循环；使用对象中没有的属性或方法，或者除数为 0 等。

例如：

```
a = int(input('请输入一个整数：'))
```

当输入一个非数字字符时，如 test，将报下面的错误。

```
Traceback (most recent call last):
  File "<input>", line 1, in <module>
ValueError: invalid literal for int() with base 10: 'test'
```

例如：

```
a = int(input('请输入一个整数：'))
b = int(input('请输入一个整数：'))
c =a/b
print(c)
```

运行上面的代码，分别输入 5 和 0，将报下面的错误。

```
请输入一个整数：5
请输入一个整数：0
Traceback (most recent call last):
  File "C:/projects/test.py", line 3, in <module>
    c =a/b
ZeroDivisionError: division by zero
```

8.1.2 异常

当 Python 检测到一个错误时，解释器会指示当前代码无法继续执行，这时候就会出现异常。因此，异常是由于程序运行出现了错误而在正常控制流以外采取的行为。这个行为分为两个阶段：首先是由于错误引起异常的发生，然后是检测和采取可能的措施。

第一个阶段是在发生了一个异常条件后发生的。只要检测到错误并且意识到异常条件的发生，解释器会引发一个异常。引发也可以叫作触发或生成，解释器通过它通知当前控制流有错误发生。

第二个阶段是当前流将被打断，用来处理这个错误并采取相应的操作。Python 允许程序员自己引发异常，无论是由 Python 解释器还是程序员引发的，异常就是错误发生的信号。

对异常的处理发生在第二个阶段。异常引发后，可以调用很多不同的操作，可以是忽略错误（记录错误但不采取任何措施，采取补救措施后终止程序），或者是减轻问题的影响后设法继续执行程序。这些操作都代表一种继续，或是控制的分支，关键是程序员在错误发生时可以指示程序如何执行。

Python 有已经构建好的三类异常：SystemExit（解释器请求退出）、KeyboardInterrupt（用户中断执行）和 Exception（常规错误的基类），在程序执行前就已经存在，且所有的异常都继承自 BaseException 这个基类。在上文中演示的几种错误形式中出现的 IndentationError、SyntaxError 和 NameError 都继承自 Exception 类。此外，再介绍以下几种常见的异常。

- TypeError（对类型无效的操作）：当一个操作或函数被应用于类型不适当的对象时出现。

```
>>> 1 + 1
2
>>> "1" + "1"
'11'
>>> 1 + "1"
File "<input>", line 1, in <module>
TypeError: unsupported operand type(s) for +: 'int' and 'str'
```

当使用+运算符将 int 类型和 str 类型相加时报错，即+运算符不支持此类操作。

- AttributeError：当试图使用一个对象没有的属性或方法时出现。

```
>>> list1 = [1,2,3,4,5]
>>> list2 = (1,2,3,4,5)
>>> list1.append(6)
>>> list2.append(6)
```

```
AttributeError: 'tuple' object has no attribute 'append'
```

因为对元组使用了列表的 append 方法，元组并不支持此方法，所以提示错误信息。出现类型错误的时候，查看对象是否有正在使用的方法，或者查看方法的拼写是否正确。

- IndexError：当序列下标索引超出范围时出现。

```
>>> list = [1,2,3,4,5]
>>> for i in range(0,6):
    print(str(i) + ":" + str(list[i]))
0:1
1:2
2:3
3:4
4:5
IndexError: list index out of range
```

此处列表总共有 5 个元素，索引最大为 4（从 0 开始），当试图访问第 5 个元素也就是 list[5] 时，会出现列表超出了范围的提示信息。通常在编写循环和访问序列元素的时候容易出现此类越界问题。

8.2 Python 异常处理

在实际的开发中，有许多不能预料到的情况，不可能在一开始就将可能出现的错误一一列举出来。对构造大型的、健壮的、可维护的应用而言，错误的处理是整个程序需要考虑的重要方面。异常处理就是用来解决此类情况的，将可能出现的异常情况进行分类，在数据输入不满足要求时，程序可通过异常处理来处理所有错误，使得程序的错误处理代码变得更有条理。还可以让程序中的异常处理代码和正常业务代码分离，使程序代码更加优雅，并且提高程序的健壮性。

8.2.1 异常处理——try 语句

1．try…except 语句

try…except 语句用于捕获可能出现异常的语句，其语法结构如下。

```
try:
    try_suite                    # 可能出现异常的代码
except Exception[as e]:          # Exception 是要处理的异常类，e 用于保存出现异常的类型
    exception_block              # 捕获异常后的处理代码
```

其中 try_suite 为可能出现异常的代码，try 用来捕获 try_suite 中的异常，并且将错误交给 except 处理。except 用来处理异常，如果处理的异常和设置的异常 Exception 一致，则使用 exception_block 处理异常，不一致的话就会被解释器处理。如果设置了 e，那么这个错误就会被保存在 e 中。

例如：

```
try:
    a = 1
```

```
    print(a + "1")
except TypeError as e:
    print('出现异常：', e)
b= a + 1
print(b)
```

运行上面的代码，输出结果如下。

```
出现异常：unsupported operand type(s) for +: 'int' and 'str'
2
```

前面例子中尝试过，try 语句块中的语句会出现 TypeError 错误异常。使用 try…except 语句后，允许在异常发生时做出灵活的操作，这里仅将异常的内容进行了输出，并且不影响后续的程序运行。

当捕获发生的异常类型与 except 的异常类型不一致时，解释器自动处理异常，同时中断程序运行。例如：

```
try:
    a = 1
    print(a + "1")
except NameError as e:
    print('主动输出 Error：', e)
b= a + 1
print(b)
```

运行上面的代码将报如下错误，并终止程序继续运行。

```
TypeError: unsupported operand type(s) for +: 'int' and 'str'
```

try…except 语句可以处理多个异常，其语法结构如下。

```
try:
      try-suite
except Exception1[e]:
    exception_block1
except Exception2[e]:
    exception_block2
except ExceptionN[e]:
    exception_blockN
```

例如：

```
fruits=['苹果','香蕉','鸭梨','西瓜','葡萄','芒果']
for i in range(len(fruits)):
    print(f'{i}: {fruits[i]}',end=' ')
print()
try:
    index=int(input('请输入你爱吃的水果编号：'))
    print(f'你爱吃的水果是{fruits[index]}')
except ValueError:
    print('输入的编号类型不正确')
except IndexError:
```

```
    print('输入的编号范围不正确')
```

运行上面的代码，并输入下面的编号值，输出结果如下。

```
0：苹果 1：香蕉 2：鸭梨 3：西瓜 4：葡萄 5：芒果
请输入你爱吃的水果编号：a
输入的编号类型不正确
0：苹果 1：香蕉 2：鸭梨 3：西瓜 4：葡萄 5：芒果
请输入你爱吃的水果编号：7
输入的编号范围不正确
0：苹果 1：香蕉 2：鸭梨 3：西瓜 4：葡萄 5：芒果
请输入你爱吃的水果编号：5
你爱吃的水果是芒果
```

当捕获到不同的异常使用相同的处理语句时，可以将多个异常变为异常元组，例如，上面的代码可以优化成以下代码。

```python
fruits=['苹果','香蕉','鸭梨','西瓜','葡萄','芒果']
for i in range(len(fruits)):
    print(f'{i}：{fruits[i]}',end=' ')
print()
try:
    index=int(input('请输入你爱吃的水果编号：'))
    print(f'你爱吃的水果是{fruits[index]}')
except (ValueError,IndexError):          # 两种异常使用相同的处理语句
    print('输入 0～5 的整数编号')
```

如果所有的异常都使用相同的处理语句，则可以省略异常类型，例如，上面的代码可以进一步修改为以下代码。

```python
fruits=['苹果','香蕉','鸭梨','西瓜','葡萄','芒果']
for i in range(len(fruits)):
    print(f'{i}：{fruits[i]}',end=' ')
print()
try:
    index=int(input('请输入你爱吃的水果编号：'))
    print(f'你爱吃的水果是{fruits[index]}')
except:                                  # 所有的异常都使用相同的处理语句
    print('输入 0～5 的整数编号')
```

2. try…except…else 语句

try…except…else 语句的语法结构如下。

```
try:
    try-suite
except Exception1[e]:
    exception_block1
else:
    none-exception
```

当没有捕获异常时，就执行 else 语句。当捕获异常时，若异常类型与 except 类型一致，

则执行 except 语句，跳过 else 语句，正常向后运行；若异常类型与 except 类型不一致，则解释器处理异常，程序中断执行。

```
try:
    a = 1
    print(a + 1)  # 无异常
except TypeError as e:
    print('出现错误: ', e)
else:
    print("监测点无异常发生")
b= a + 1
print(b)
```

运行上面代码的输出结果如下。

```
2
监测点无异常发生
2
```

当 try 代码块出现异常时，将执行异常处理语句，并跳过 else 子句，继续往下执行。

例如：

```
try:
    a = 1
    print(a + "1")  # 发生异常
except TypeError as e:
    print('出现错误: ', e)
else:
    print("监测点无异常发生")
b= a + 1
print(b)
```

运行上面代码的输出结果如下。

```
出现错误: unsupported operand type(s) for +: 'int' and 'str'
2
```

3. try…except…finally 语句

try…except…finally 语句的语法结构如下。

```
try:
    try_suite
except Exception [ as e]:
    exception_block
finally:
    do_finally
```

若 try 语句块没有捕获异常，则执行完 try 语句块后，执行 finally 语句块；若 try 语句块捕获异常，则首先执行 except 语句块来处理错误，然后执行 finally 语句块。总之，finally 语句块无论是否有异常都会被执行。

注意：（1）当捕获的异常与 except 的异常不一致时，仍会先执行 finally 语句块，再中断程序运行。（2）当 try 语句块中有 return 语句时，会跳过 else 语句块，但 finally 语句块仍会执行。

例如：

```
try:
    a = 1
    print(a + "1")
except NameError as e:
    print('出现错误：', e)
else:
    print("监测点无异常发生")
finally:
    print("无论发生什么都会执行")
b= a + 1
print(b)
```

上述代码的运行结果如下。

```
无论发生什么都会执行
TypeError: unsupported operand type(s) for +: 'int' and 'str'
```

例如：

```
def mydiv(a,b):
    try:
        c =a/b
        return c
    except Exception as e:
        print(e)
    else:
        print('else 子句')
    finally:
        print('finally 子句')

a=mydiv(10,5)
print(a)
b=mydiv(10,0)    # 由于 finally 语句块没有返回值，所以 b 的值为 None
print(b)
```

运行上述代码的输出结果如下。

```
finally 子句
2.0
division by zero
finally 子句
None
```

8.2.2　断言——assert 语句

assert 语句的语法结构如下。

```
assert 表达式[,'描述文字']
```

assert 语句的功能是检测表达式是否为真，如果为假，则引发 AssertionError 异常并给出描述文字；如果为真，则继续执行下面的代码。

从根本上说，Python 中的 assert 语句是一种调试工具，用来测试某个断言条件是否满足，如果满足则继续执行，如果不满足则触发 AssertionError 异常。

例如，输入一个 0~100 之间的成绩。

```
score=int(input("输入 0~100 的成绩："))
assert 0<=score<=100, "成绩超出范围"
print(f"你的成绩是{score}")
```

运行上述代码，分别输入 80 和 110，输出结果如下。

```
输入 0~100 的成绩: 80
你的成绩是 80
输入 0~100 的成绩: 110
Traceback (most recent call last):
  File "C:/projects/test.py", line 2, in <module>
    assert 0<=score<=100, "成绩超出范围"
AssertionError: 成绩超出范围
```

断言是为了告诉开发人员程序中某些关键条件没有得到满足，这些条件得不到满足，程序不足以继续运行。

如果程序中没有 bug，那么这些断言条件永远也不会被触发，但如果违反了断言条件，程序就会崩溃并报告断言错误，从而判断出究竟违反了哪个"不可能"的情况，这样可以更轻松地追踪和修复程序中的 bug。Python 中的断言语句是一种调试辅助功能，不是用来处理运行时错误的机制，使用断言的目的是让开发人员更快速地找到可能导致 bug 的根本原因，而 try 语句是用来处理出现异常的机制。

注意：在 Python 中，可以通过命令-o 和-oo 来全局禁用断言，因此不要用断言语句去验证数据的有效性，应该将断言作为一种调试方法，用在开发中的自检和 bug 识别。

8.2.3　抛出异常——raise 语句

raise 语句的语法结构如下。

```
raise 异常类型('描述文字')
```

raise 语句的功能是主动抛出异常，其中，描述文字为该异常的描述。

有时并不是在程序要崩溃时捕获异常，而是在不满足特定条件时主动引发异常。例如：

```
try:
    a = input("输入一个数：")
    if(not a.isdigit()):
        raise ValueError("输入的必须是数字")
except ValueError as e:
    print("引发异常：",e)
```

运行上述代码，并输入 test，输出结果如下。

```
输入一个数: test
```

引发异常：输入的必须是数字

在 try 语句块中，用 if 语句判断输入是否是一个数字，如果不是数字则主动抛出异常，接着用 except 语句块捕获抛出的异常，并输出主动抛出异常的提示错误信息。

例如：

```python
def login(userid,password):
    if userid!='lijun':
        raise ValueError('账号错误')
    if password!='hbulijun':
        raise ValueError('密码错误')
    print('登录成功')


userid=input('请输入账号：')
password=input('请输入密码：')
try:
    login(userid,password)
except ValueError as e:
    print(e)
```

运行上述代码，并分别输入下列账号和密码，输出结果如下。

```
请输入账号：test
请输入密码：test
账号错误
请输入账号：lijun
请输入密码：test
密码错误
请输入账号：lijun
请输入密码：hbulijun
登录成功
```

8.3　精彩案例

【例 8-1】改进例 6-1，在合适的位置引入异常处理方法。

在例 6-1 中，输入单词的位置可能产生异常。在需要输入正确顺序的单词位置，添加 try…except…else 语句，发生异常（即输入不正确顺序的单词）执行 except 语句将错误记录出来，未发生异常（即输入正确顺序的单词）执行 else 语句。

```python
try:
    if guess =="":
        raise Exception("输入不能为空")
    if guess !=word:
        raise Exception("输入的" + guess + "与" + word+ "不一致")
except Exception as e:
        print("错误：" , e)
else:
    print("输入正确\n")
```

完整的程序代码：

```
import random
WORDS=["Python","love","fun","easy","amazing"]
print("把乱序的字母组合成一个正确的单词")
iscontinue='y'
while iscontinue in ("y","Y"):
    word=random.choice(WORDS)
    disorder_list=list(word)
    random.shuffle(disorder_list)
    disorder_word="".join(disorder_list)
    print("乱序后单词: ",disorder_word)
    guess=input("输入正确顺序: ")
    try:
        if guess=='':
            raise Exception("输入不能为空")
        if guess !=word:
            raise Exception("输入的" + guess + "与" + word+ "不一致")
    except Exception as e:
        print("错误: " , e)
    else:
        print("输入正确\n")
        iscontinue = input("是否继续 (Y/N): ")
```

运行上述代码，并输入下面的内容，输出结果如下。

```
把乱序的字母组合成一个正确的单词
乱序后单词：levo
输入正确顺序：
错误：输入不能为空
乱序后单词：velo
输入正确顺序：test
错误： 输入的 test 与 love 不一致
乱序后单词：nfu
输入正确顺序：fun
输入正确

是否继续（Y/N）：n
```

【例 8-2】编写程序输入两个整数，输出这两个数做除法后的结果。

可能引发异常的地方在两个数的输入位置。被除数可能引发的异常为非整数数字输入，使用 try 语句检验输入是否为整数，使用 isdecimal() 函数判断输入值，如果不是整数，则给出提示并主动抛出异常信息。使用 except 语句接收异常信息并输出，如果没有出现异常，则输入值正确，跳出 while 循环；如果出现异常，则给出提示并要求输入被除数，直到无异常出现。

```
while True:
    try:
        dividend = input("输入被除数: ")
```

```
        if(not dividend.isdecimal()):
            raise ValueError("输入的必须是整数")
    except ValueError as e:
        print("出现异常：",e)
    else:
        break
```

除数可能引发的异常为非整数数字输入和 0 输入，与被除数的处理方式相似，需要增加一个对输入值是否为 0 的判定，并抛出除数不能为 0 的提示信息。

```
while True:
    try:
        divisor = input("输入除数：")
        if(not divisor.isdecimal()):
            raise ValueError("输入的必须是数字")
        if(float(divisor) == 0.0):
            raise ValueError("输入的必须是非 0 值")
    except ValueError as e:
        print("出现异常：",e)
    else:
        break
```

最后，需要注意的是，输入为字符串的形式需要转换为浮点数才能进行除法运算。

```
print(dividend + "÷" + divisor + "=" + str(float(dividend)/float(divisor)))
```

完整的程序代码：

```
dividend = ""
divisor = ""
while True:
    try:
        dividend = input("输入被除数：")
        if(not dividend.isdecimal()):
            raise ValueError("输入的必须是整数")
    except ValueError as e:
        print("出现异常：",e)
    else:
        break
while True:
    try:
        divisor = input("输入除数：")
        if(not divisor.isdecimal()):
            raise ValueError("输入的必须是数字")
        if(float(divisor) == 0.0):
            raise ValueError("输入的必须是非 0 值")
    except ValueError as e:
        print("出现异常：",e)
    else:
        break
print(dividend + "÷" + divisor + "=" + str(float(dividend)/float(divisor)))
```

运行上述代码，并按下面的值输入，输出结果如下。

```
输入被除数：被除数
出现异常：  输入的必须是整数
输入被除数：20
输入除数：0
出现异常：  输入的必须是非 0 值
输入除数：4.0
出现异常：  输入的必须是整数
输入除数：4
20÷4=5.0
```

【例 8-3】编写程序输入 5 个学生 0～100 之间的有效成绩，统计不及格成绩的平均值。

在输入成绩时，可能出现的异常包含以下情况：（1）用户输入的不是数字；（2）用户输入的成绩不在有效范围内。在计算成绩不及格的学生的平均成绩时，可能出现的异常是没有成绩不及格的学生。

上述情况均可以采用异常处理机制解决，完整的程序代码如下。

```python
count=0
result_scores=[]                        # 保存所有成绩不及格的学生的成绩
while True:
    try:
        score=float(input('请输入 0～100 之间的成绩：'))
        assert 0<=score<=100
    except (ValueError,AssertionError):
        print('输入数据有误，请输入 0～100 之间的成绩')
        continue
    if score<60:
        result_scores.append(score)
    count+=1
    if count>=5:
        break
try:
    avg_score=sum(result_scores)/len(result_scores)
except:
    print('没有成绩不及格的学生')
else:
    print(f'成绩不及格的学生的平均成绩为：{avg_score:.2f}')
```

运行上述代码，并按下面的值进行输入，输出结果如下。

```
请输入 0～100 之间的成绩：90
请输入 0～100 之间的成绩：80
请输入 0～100 之间的成绩：70
请输入 0～100 之间的成绩：60
请输入 0～100 之间的成绩：60
没有成绩不及格的学生

请输入 0～100 之间的成绩：a
```

```
输入数据有误，请输入 0～100 之间的成绩
请输入 0～100 之间的成绩：110
输入数据有误，请输入 0～100 之间的成绩
请输入 0～100 之间的成绩：70
请输入 0～100 之间的成绩：50
请输入 0～100 之间的成绩：40
请输入 0～100 之间的成绩：30
请输入 0～100 之间的成绩：20
成绩不及格的学生的平均成绩为：35.00
```

【例 8-4】使用 pickle 模块存入一个文件后，如果不知道文件中有多少对象，那么如何读取文件的所有对象？

使用 pickle 模块对数据进行写入和读取，需要先导入 pickle 库。

```
import pickle
```

使用 with 语句和 open()函数的 wb 模式，以二进制写入的方式打开一个文件。

```
with open("numbers.dat","wb") as outfile:
```

为了获取一个输入，并将字符串格式的输入转换为整数类型，需要使用 eval()函数。eval()函数的作用是将一个字符串作为一个表达式来执行，并返回表达式的结果。需要给定一个停止输入并退出的选项，这里指定输入 0 为停止选项。

```
data = eval(input("输入一个整数(如果输入 0 则退出)："))
while data != 0:
    pickle.dump(data, outfile)
    data = eval(input("输入一个整数(如果输入 0 则退出)："))
```

使用 with 语句和 open()函数的 rb 模式，以读取的方式打开一个文件。

```
with open("numbers.dat","rb") as infile:
```

巧用 EOFError 异常来实现循环读取文件内容直到文件末尾触发该异常，停止读取并退出循环。在 while 循环中使用 try…except 语句，当未出现异常时正常读取文件，当出现异常时退出循环，即到达文件末尾。

```
end_of_file = False
while not end_of_file:
    try:
        print(pickle.load(infile),end=" ")
    except:
        end_of_file = True
```

完整的程序代码：

```
import pickle
def main():
    with open("numbers.dat","wb") as outfile:
        data = eval(input("输入一个整数(如果输入 0 则退出)："))
        while data != 0:
            pickle.dump(data, outfile)
```

```
                data = eval(input("输入一个整数(如果输入 0 则退出)："))
    with open("numbers.dat","rb") as infile:
        end_of_file = False
        while not end_of_file:
            try:
                print(pickle.load(infile),end=" ")
            except:
                end_of_file = True
    print("\n 所有的对象已经读完")

main()
```

运行上面的代码，并按下面的值进行输入。

输入一个整数(如果输入 0 则退出)：1
输入一个整数(如果输入 0 则退出)：2
输入一个整数(如果输入 0 则退出)：3
输入一个整数(如果输入 0 则退出)：4
输入一个整数(如果输入 0 则退出)：0

上述代码的运行结果如下。

1 2 3 4
所有的对象已经读完

本章小结

　　本章介绍了异常的概念，Python 中几种常见的异常类型，以及异常的捕获、处理和抛出方法。

　　针对异常的处理操作介绍了 try 语句的几种形式，以及对应的使用方法和使用情景。其中包括 try…except 处理异常语句，try…except…else 处理异常语句，try…except…finally 处理异常语句，try…except…else…finally 处理异常语句。assert 断言语句可以对是否满足指定条件进行判断，推荐将断言作为调试工具，来更快地解决程序中出现的问题。在 Python 中抛出异常的 raise 语句，用来主动抛出异常信息，作为函数和上层模块之间的一种通信方式。

　　通过对本章内容的学习，读者应该掌握使用 try…except 语句对代码中的异常进行捕获，从而使代码更加健壮。

习题

一、简答题

1．使用异常处理的优势是什么？

2. 程序出现的错误有哪几种类型，其中可以通过异常处理语句解决的错误是什么？

3. 自定义一个异常类时可以继承的类有哪些？

二、选择题

1. 下列代码的运行结果为（　　　）。

```python
def f():
    try:
        print(1)
        return 1
    except:
        print(2)
        return(2)
    else:
        print(3)
        return 3
    finally:
        print(0)
print(f())
```

    A．101   B．110   C．1301   D．1303

2. 下列代码的运行结果为（　　　）。

```python
try:
    print(b)
except NameError as e:
    print(e)
b = 1
print(b)
```

    A．1   B．name 'b' is not defined

    C．name 'b' is not defined，1   D．输出异常信息，无正常结果输出

3. 在 try…except…else…finally 语句块中，finally 语句在以下哪种情况下不会被执行（　　　）。

    A．try 中发生异常，并且与 except 异常一致

    B．try 中发生异常，并且与 except 异常不一致

    C．try 中有 return 语句

    D．以上 3 种情况 finally 语句都会被执行

三、填空题

1. 运行下面的程序时显示的内容为：＿＿＿＿＿＿＿＿＿＿＿＿。

```python
try:
    list = 10 * [0]
    x = list[10]
    print("Done")
except IndexError:
    print("Index out of bound")
```

2. 运行下面的程序时显示的内容为：＿＿＿＿＿＿＿＿。

```python
try:
    list = 10 * [0]
    x = list[10]
    print("Done")
except IndexError:
    print("Index out of bound")
else:
    print("Nothing is wrong")
finally:
    print("Finally we are here")
print("Continue")
```

3. 运行下面的程序时显示的内容为：＿＿＿＿＿＿＿＿。

```python
try:
    a = 1
    print(a + "1")
except NameError as e:
    print('主动输出 Error: ', e)
else:
    print("监测点无异常发生")
finally:
    print("无论发生什么都会执行")
```

4. 执行下面的语句并输入 50 后输出的结果为：＿＿＿＿＿＿＿＿，输入 1000 后输出的结果为：＿＿＿＿＿＿＿＿。

```python
print("输入一个 0~100 的数字")
a = int(input())
assert 0<=a<=100, "输入有误"
print("在规定范围内")
```

三、编程题

1. 编写程序设计一个有加、减、乘、除运算的计算器，捕获除以 0 时的异常并且给出异常发生的等式，将除以 0 修改为除以 1。

2. 改进上题设计的计算器，当发生异常时将异常信息写入 error.log 文本文件并将异常信息保存到文件中。

第 9 章

面向对象

面向对象是对面向过程来说的，面向过程是根据逻辑从上到下编写代码，也就是根据解决问题的步骤编写代码的。而面向对象是以"对象"为中心的，将数据和函数绑定到一起进行封装，这样可以更快速地开发程序，减少了重复代码的复写过程。对于面向对象的理解在程序设计中是很重要的。

在 Python 中可以很方便地创建类和对象，本章将详细介绍面向对象的相关内容。

本章重点：

- 理解类和对象的概念及定义。
- 掌握类属性的定义及访问范围。
- 掌握类函数的定义及访问范围。
- 掌握类函数重写及运算符重写。

9.1 面向对象的概念

9.1.1 面向对象编程的特点

面向对象以"对象"为基本单元构建系统，对象把数据和数据的操作方法封装在一起，作为一个相互依存的整体。把同类的对象抽象出共性，形成类。类是对象的抽象，对象是类具体化的体现（类是大范围的，一个类可以定义多个对象），对象与对象之间通过消息进行沟通，程序流程由用户在使用中决定。面向对象的编程（Object Oriented Programming，OOP）是一种不同于面向过程的编程思想。OOP 把对象作为一个程序的基本单元，一个对象包含了数据和操作数据的函数。面向对象的出现极大地提高了编程的效率，使得编程的重用性提高。

面向对象程序设计具有以下特点。

1. 封装性

封装是面向对象程序设计的核心思想，隐藏对象的属性和行为，将它们封装起来的载体就是类。相当于将不必要的数据和实现细节封装起来，通过不同的访问范围对外暴露相关调用函数和数据。

在使用面向对象的封装特性时，需要注意以下两点：

（1）将属性和函数封装到类。

（2）通过对象或类名调用被封装的属性和函数，具体的调用方法包含以下几种。

① 类外通过对象调用被封装的属性：对象.属性名。

② 类内、类外通过类名调用被封装的类属性：类名.类属性名。

③ 类内通过 self 调用被封装的属性：self.属性名。

④ 类外通过对象调用被封装的函数：对象.函数名()。

⑤ 类内通过 self 调用被封装的函数：self.函数名()。

⑥ 类内、类外调用被封装的类函数和静态函数：类名.函数名()。

2. 继承性

类的继承性，可以以人为例，每个人生下来都从父母那里继承了一些特征，比如肤色，但是又和父母有所差别，每个人都有自己的一些新特征。Python 中的类也有继承性，一个类可以继承另外一个类，其中，被继承的类叫作父类或基类，继承别的类的类叫作子类或派生类。类的继承性是实现代码复用的重要手段。

3. 多态性

多态性按字面的意思就是指多种状态。在面向对象编程中，接口的多种不同的实现方式即为多态。通俗来说，同一行为作用于不同类别的对象，可以有不同的解释，产生不同的执行结果。多态性的好处就是不同的子类既可以直接继承父类的函数，又可以重写父类的函数，从而使子类具有同名但不同实现方法的函数。

9.1.2　类

类是对对象的属性和行为的一种封装，是一种抽象化的概念。例如，不同大象之间是存在相同的属性和行为的，如大象都具有身高、体重、耳朵、鼻子等，可以把这些共有的属性和行为封装为大象类，那么大象类就具有了身高、体重、鼻子等属性和吃、睡等行为，草原上的每个大象都是大象类的一个实例对象。

类是由属性和行为两部分构成的，如上述大象类中的身高、体重、耳朵、鼻子这些描述大象特征的，称之为属性，在定义对象后，可以通过对象为这些属性赋值。上述大象类中的吃、睡是完成特定功能的行为，称之为方法或函数。

9.1.3　对象

类是对象的抽象，对象是类的一个具体实例。对象具有类中的所有属性和行为，同时这些属性具有对应的值。例如，可以定义一个学生类，包含学号、姓名、性别等属性和吃饭、睡觉、学习等方法，学生是一个类，是抽象的，不是特指哪个具体学生，当特指姓名为"张三"的一个具体学生时，这就是一个学生对象。可以说，世间万物都是对象。

对象通常被划分为静态部分和动态部分，以上面的学生类为例，吃饭、睡觉、学习等操作被称为行为，属于动态部分。学号、姓名、性别等用来描述一个学生的信息被称为属性，属于静态部分。

9.2 类与对象

9.2.1 类与对象的定义

1. 类的定义

在 Python 中，定义类是由 class 关键字实现的，其语法格式如下。

```
class ClassName:                    # 经典类定义
    statement
```

或

```
class ClassName():                  # 经典类定义
    statement
```

或

```
class ClassName(object):            # 新式类定义
    statement
```

ClassName：表示要创建的类的名字，命名方法一般推荐使用驼峰式命名规则，即每个单词的首字母大写。

statement：类主体主要由类变量、方法、属性等定义类的语句组成。

定义类的时候有 3 种（两类）方式：新式类和两种经典类，上述定义类的语法结构中的最后一种为新式类定义方法，前两种是经典类定义方法。在新式类定义方法中，object 是 Python 中所有的类的顶级父类。

当没有类继承时，类名后面的括号可以加，也可以不加。类定义和函数定义一样，只有在被执行时才会起作用。代码执行到类定义语句时，会创建一个新的命名空间，并把它们叫作局部作用域，因此在类中定义的变量属于局部变量。

例如，定义一个 Student 类。

```
class Student:
    pass
```

2. 对象的定义

在创建类后，通过创建该类的实例——对象，去实现类中的各种操作。创建某个类的对象的语法格式如下。

```
对象=类名()
```

例如，定义一个 Student 类，并创建一个 Student 类的实例化对象，代码如下。

```
class Student:
    pass
student1=Student()
```

通过 student1=Student()语句创建一个 Student 类的实例对象 student1，之后，可以通过实例对象 student1 来访问 Student 类的属性和方法。student1 是一个对象，它拥有 Student 类中的属性（数据）和方法（函数）。

9.2.2　构造函数

类的构造函数是在创建类实例对象时执行的代码，比如在创建对象时，给对象属性传递初始值及为属性设置默认值等初始化操作。类的构造函数为实例对象的创建提供了参数输入，也为实例属性的定义和赋值提供了支持。

构造函数也叫构造器，是创建对象的时候第一个被自动调用的函数。在定义类时，通常需要创建一个__init__()函数，该函数就是构造函数。该函数中的第一个参数 self 表示对象本身，是必须包含的，在创建对象时忽略该参数即可。定义构造函数的语法格式如下。

```
def __init__(self,arg1,arg2,...):
    函数体
```

self 指的是实例本身，arg1,arg2...可以自定义，参数间用英文逗号"，"隔开。init 的左右两边是两个下画线。构造函数的参数除 self 外，需要在定义对象时设定相应的参数值。

下面定义一个 Student 类，并创建其构造函数。

```
class Student:
    # Student 类的构造函数
    def __init__(self,sid,name,sex,grade):
        self.sid=sid                    # 定义属性 sid
        self.name=name                  # 定义属性 name
        self.sex=sex                    # 定义属性 sex
        self.grade=grade                # 定义属性 grade
    # 定义类的普通方法
    def out(self):
        print('*'*10)
        print(f'学号：{self.sid}')
        print(f'姓名：{self.name}')
        print(f'性别：{self.sex}')
        print(f'年级：{self.grade}')

student1=Student('101','张三','男',2022) # 生成 student1 对象
student1.out()
student2=Student('102','李四','女',2021) # 生成 student2 对象
student2.out()
```

运行上述代码的输出结果如下。

```
**********
学号：101
姓名：张三
性别：男
年级：2022
**********
学号：102
```

```
姓名：李四
性别：女
年级：2021
```

除此之外，构造函数中的参数也可以和前面讲的函数一样带有默认值，带有默认值的参数必须位于没有默认值的参数后面。例如：

```
class Student:
    # Student 类的构造函数
    def __init__(self,sid,name,sex='女',grade=2022):
        self.sid=sid              # 定义属性 sid
        self.name=name            # 定义属性 name
        self.sex=sex              # 定义属性 sex
        self.grade=grade          # 定义属性 grade
    # 定义类的普通方法
    def out(self):
        print('*'*10)
        print(f'学号：{self.sid}')
        print(f'姓名：{self.name}')
        print(f'性别：{self.sex}')
        print(f'年级：{self.grade}')

student1=Student('101','张三','男')  # 生成 student1 对象，grade 用默认值
student1.out()
student2=Student('102','李四')        # 生成 student2 对象，sex 和 grade 用默认值
student2.out()
student3=Student('103','王五','男',2021) # 生成 student3 对象
student3.out()
```

运行上述代码的输出结果如下。

```
**********
学号：101
姓名：张三
性别：男
年级：2022
**********
学号：102
姓名：李四
性别：女
年级：2022
**********
学号：103
姓名：王五
性别：男
年级：2021
```

9.2.3 成员属性

类中的成员包括属性和方法，其中属性又分为类成员属性和对象成员属性。

1．类成员属性

类成员属性就是类变量，所有对象共用同一个值，不属于某一个具体对象，可以通过类名或对象访问。

例如，给上述 Student 类增加一个计数器功能，保存声明该类对象的个数。

```
class Student:
    # 类成员属性
    count=0
    # Student 类的构造方法
    def __init__(self,sid,name,sex,grade):
        self.sid=sid                    # 定义对象成员属性 sid
        self.name=name                  # 定义对象成员属性 name
        self.sex=sex                    # 定义对象成员属性 sex
        self.grade=grade                # 定义对象成员属性 grade
        Student.count+=1                # 通过类名访问类成员属性

    # 定义类的对象方法
    def out(self):
        print('*'*10)
        print(f'学号：{self.sid}')
        print(f'姓名：{self.name}')
        print(f'性别：{self.sex}')
        print(f'年级：{self.grade}')

student1=Student('101','张三','男',2022)    # 生成 student1 对象
# 可以通过对象名访问类成员属性，也可以通过类名访问类成员属性
print(student1.count,Student.count)
student2=Student('102','李四','女',2021)    # 生成 student2 对象
# 可以通过对象名访问类成员属性，也可以通过类名访问类成员属性
print(student2.count,Student.count)
```

运行上述代码的输出结果如下。

```
1 1
2 2
```

2．对象成员属性

对象成员属性在类中是很常见的，通过"self.对象成员属性=值"的方式定义对象成员属性，对象成员属性一般建议定义在构造函数中。对象成员属性属于每个独立的对象，即不同的对象的成员属性值可以不同，每个对象封装属于自己特有的数据。例如，上面代码中 Student 类中的 self.sid、self.name、self.sex、self.grade 都是 Student 类的对象成员属性。在类内，对象成员属性可以通过 self 在不同方法中访问；在类外，可以通过"对象名.成员属性名"的方式访问。

例如，实例化一个 student1 对象，单独输出该对象的 name 成员属性，并将其 name 成员属性修改为"王五"，输出 student1 对象的所有学生信息。

```
student1=Student('101','张三','男',2022)    # 生成 student1 对象
```

```
print(student1.name)
student1.name='王五'
student1.out()
```

运行上述代码的输出结果如下。

```
张三
**********
学号：101
姓名：王五
性别：男
年级：2022
```

此外，可以通过给对象成员属性赋值的方式为一个对象增加一个新的对象成员属性。例如：

```
student1=Student('101','张三','男',2022)    # 生成 student1 对象
student1.age=19
print(student1.age)
```

运行上述代码后，student1 对象将增加一个 age 对象成员属性，其属性值为 19。

类成员属性是属于类的，所有对象共用该成员，可以通过类或对象来调用访问。对象成员属性是属于对象的，每个对象的对象成员属性值不同，是通过对象来调用访问的。

3．成员属性的保护

在 Python 中，为了防止成员属性被恶意访问或篡改，可以对成员属性进行封装保护。Python 通过下画线对成员属性进行保护，成员属性的保护级别及访问域如表 9-1 所示。

表 9-1　成员属性的保护级别及访问域

保护级别	定义方式	访问域	事例
公有	属性名前不加下画线	当前类、对象、子类、子类对象	self.grade=2021
受保护	属性名前加一个下画线	当前类、子类	self._grade=2021
私有	属性名前加两个下画线	当前类	self.__grade=2021

通过对成员属性的封装，可以充分保护成员属性数据的安全。但是也带来一个问题，当把成员属性定义为私有属性后，如何通过对象访问或设置这些属性的值呢？解决方法就是为每个属性定义一个 get 方法和 set 方法。将 Student 类的对象成员属性修改为对象私有成员属性后的代码如下。

```
class Student:
    # 类成员属性
    count=0
    # Student 类的构造方法
    def __init__(self,sid,name,sex,grade):
        self.__sid=sid                    # 定义对象私有成员属性__sid
        self.__name=name                  # 定义对象私有成员属性__name
        self.__sex=sex                    # 定义对象私有成员属性__sex
        self.__grade=grade                # 定义对象私有成员属性__grade
        Student.count+=1                  # 通过类名访问类成员属性
```

```
    def getSid(self):                    # 读__sid 成员属性
        return self.__sid
    def getName(self):                   # 读__name 成员属性
        return self.__name
    def setName(self,name):              # 改__name 成员属性
        self.__name=name
    def getSex(self):                    # 读__sex 成员属性
        return self.__sex
    def setSex(self,sex):                # 改__sex 成员属性
        self.__sex=sex
    # 定义对象成员方法
    def out(self):
        print('*'*10)
        print(f'学号：{self.__sid}')
        print(f'姓名：{self.__name}')
        print(f'性别：{self.__sex}')
        print(f'年级：{self.__grade}')
student1=Student('101','张三','男',2022) # 生成 student1 对象
print(student1.getSid())
student1.setName('李四')
print(student1.getName())
student1.out()
```

运行上述代码的输出结果如下。

```
101
李四
**********
学号：101
姓名：李四
性别：男
年级：2022
```

经过上述修改后，通过对象只能读取__sid 对象成员属性而无法直接修改__sid 对象成员属性，达到了防止__sid 对象成员属性被恶意修改的效果。

9.2.4　成员方法

方法也叫函数，是一种定义在类中的操作，和前面章节讲的函数的定义类似，类中的方法包括对象成员方法、属性成员方法、类成员方法和静态成员方法。

1．对象成员方法

对象成员方法是通过类的对象实例来访问的方法，其语法格式如下。

```
def functionName(self,parameterlist):
    block
```

对象成员方法的参数说明如下。

functionName：用于指定方法名，一般以小写字母开头。

self：必要参数，表示类的实例，通过此参数可以在方法内访问类的对象成员属性和其他对象成员方法。

parameterlist：用于指定除 self 参数之外的参数，参数之间用英文逗号","隔开。

block：实现此方法的语句块，用来实现具体功能。

对象成员方法和 Python 函数的主要区别在于，函数是一个独立的功能，而对象成员方法代表类中的一个行为。

对象成员方法可以通过"对象名.functionName(参数)"的方式来访问，如前面代码中的 student1.out()语句。

2．属性成员方法

这里的属性与前面的类成员属性和对象成员属性不同，这里的属性是一种特殊的对象成员属性，当访问它时将调用一个方法并将返回值作为该成员属性的值。实质上就是通过访问对象成员属性的方式访问成员方法。

在 Python 中，可以通过@property 装饰器将一个对象成员方法转换为对象成员属性，实现用于计算的对象成员属性，转换为对象成员属性后，可以直接通过方法名访问对象成员方法，不用再填上圆括号()，其语法格式如下。

```
@property
def methodname(self):
    block
```

其中的参数含义如下。

methodname：方法名。

self：必要参数，代表对象本身。

block：方法的实现语句块，实现具体功能，以 return 语句结束，用来返回计算结果。

例如，定义一个矩形类，首先定义两个实例属性，然后定义计算面积的方法，并应用@property 装饰器将其转换为对象成员属性，最后创建实例化对象，访问转换后的对象成员属性。

```
class Rect:
    def __init__(self,width,height):
        # 矩形的宽和高
        self.__width=width
        self.__height=height
    # 将方法转换为对象成员属性
    @property
    def area(self):  # 定义计算面积的方法
        return self.__width*self.__height
rect=Rect(8,6)
print('面积为：',rect.area)
```

运行上述代码的输出结果如下。

```
面积为： 48
```

当遇到一些私有类型的对象成员属性或对象成员方法时，在类外不能获取值，如果想

要创建一个可以被外界读取，但是不能被外界更改的对象成员属性，可以使用@property
装饰器实现只读对象成员属性。

例如：

```
# 定义电视节目类
class TVShow:
    # 构造函数
    def __init__(self,show):
        self.__show=show
    # 将对象成员方法转换为对象成员属性
    @property
    def show(self):
        return self.__show
# 创建实例化对象
tvshow=TVShow('正在播放的是CCTV1')
print('默认: ',tvshow.show)
tvshow.show='接下来播放的是: '
# 抛出异常
print(tvshow.show)
```

运行结果：

```
默认：正在播放的是 CCTV1
```

3．类成员方法

类成员方法是通过类来访问的方法，在类成员方法中，可以访问类成员属性和类成员
方法，不能访问对象成员属性和对象成员方法。类成员方法的语法格式如下。

```
@classmethod
def methodName(cls,parameters_list):
    method block
```

其中的参数含义如下。

@classmethod：类成员方法修饰器，表明下面的方法是类成员方法。

methodName：类成员方法名。

cls：代表类本身，和 self 参数类似，调用时不需要考虑该参数。

parameters_list：参数列表，根据实际需要定义的参数。

method block：实现类成员方法的具体实现语句。

类成员方法可以通过类调用，也可以通过对象调用。例如：

```
class Kls(object):
    numb = 0
    def __init__(self):
        Kls.numb = Kls.numb + 1
    @classmethod
    def getnumb(cls):
        return cls.numb
ik1 = Kls()
ik2 = Kls()
print(ik1.getnumb())     # 从实例调用
```

```
print(Kls.getnumb())      # 从类调用
```

程序的运行结果如下。

```
2
2
```

4．静态成员方法

静态成员方法用于实现跟类有关的功能计算，但是在运行时不需要对象和类参与的情况，如更改环境变量或修改其他类的成员属性等。在通过类调用时，静态成员方法与类成员方法对调用者来说是不可区分的。静态成员方法的语法格式如下。

```
@staticmethod
def methodName(parameters_list):
    method block
```

其中的参数含义如下。

@staticmethod：静态成员方法的修饰器，表明下面的方法是静态成员方法。

methodName：静态成员方法名称。

parameters_list：参数列表。

method block：实现静态成员方法的语句块。

例如：

```
class Person:
    def __init__(self,name,age):
        self.name=name
        self.age=age
    @staticmethod
    def averageAge(persons):
        if persons is None:
            return None
        ages=[person.age for person in persons]
        return sum(ages)/len(ages)
persons=[]
persons.append(Person('张三',18))
persons.append(Person('李四',18))
persons.append(Person('王五',21))
avg_age=Person.averageAge(persons)
print('平均年龄是',avg_age)
```

运行上述代码的输出结果如下。

```
平均年龄是 19.0
```

除成员属性方法外的其他 3 种方法在内存中都属于类，只是调用方式不同。对象成员方法由对象调用，至少包括一个 self 参数，可以访问对象成员属性、对象成员方法，可以通过类名访问类成员属性和类成员方法。类成员方法通过类和对象调用，通过 cls 参数只能访问类成员属性和类成员方法，不能访问对象成员属性和对象成员方法。静态成员方法通过类和对象调用，可以通过类名访问类成员属性和类成员方法，不能访问对象成员属性和对象成员方法。

例如：

```
class Person:
    count=0
    def __init__(self,name,age):
        self.name=name
        self.age=age
        Person.count+=1
    def out(self):
        print('*'*10)
        print(f'姓名：{self.name}')
        print(f'年龄：{self.age}')
    @staticmethod
    def averageAge(persons):
        if persons is None:
            return None
        ages=[person.age for person in persons]
        return sum(ages)/len(ages)
    @classmethod
    def outCount(cls):
        print(f'现在人数：{cls.count}')

persons=[]
p1=Person('张三',18)
persons.append(p1)
p1.out()
Person.outCount()

p2=Person('李四',18)
persons.append(p2)
p2.out()
Person.outCount()

p3=Person('王五',21)
persons.append(p3)
p3.out()
Person.outCount()
avg_age=Person.averageAge(persons)
print('平均年龄是',avg_age)
```

运行上述代码的输出结果如下。

```
**********
姓名：张三
年龄：18
现在人数：1
**********
姓名：李四
年龄：18
```

```
现在人数：2
**********
姓名：王五
年龄：21
现在人数：3
平均年龄是 19.0
```

9.3　继承

9.3.1　子类定义

继承是面向对象编程的重要特性之一。面向对象中的继承表示该类拥有被继承类的所有公有和受保护成员，被继承的类叫作基类或父类，而新的类被称为派生类或子类。类继承的语法格式如下。

```
class ClassName(baseclass):
    class statement
```

ClassName：子类的名称。

baseclass：要继承的父类，可以有多个，类名之间用英文逗号","隔开。如果不指定，则默认为 object 类。

class statement：表示类的实现代码，包括类属性和方法。

例如：

```python
class Person:
    def __init__(self,name,age,sex):
        self.name=name
        self.age=age
        self.sex=sex
    def out(self):
        print('*'*10)
        print(f'姓名：{self.name}')
        print(f'年龄：{self.age}')
        print(f'性别：{self.sex}')


class Student(Person):
    def __init__(self,sid,name,age,sex,grade):
        self.name=name
        self.age=age
        self.sex=sex
        self.sid=sid
        self.grade=grade


class Teacher(Person):
    def __init__(self,tid,name,age,sex,title):
        self.name=name
        self.age=age
```

```
            self.sex=sex
            self.tid=tid
            self.title=title          # 教师职称

student1=Student('101','张三',19,'男',2021)
student1.out()
teacher1=Teacher('1001','李四',35,'男','副教授')
teacher1.out()
```

运行上述代码的输出结果如下。

```
**********
姓名：张三
年龄：19
性别：男
**********
姓名：李四
年龄：35
性别：男
```

在上面的代码中，父类 Person 类的 out()对象成员方法被子类 Student 类和 Teacher 类继承。在子类中不必重写此代码，直接使用就可以。但是，父类 Person 类中的 name、age和 sex 对象成员属性，在子类中又被重复定义，有没有简单的方法使得在子类 Student 类和Teacher 类中不再定义这些对象成员属性呢？在 Python 中，通过 super()函数可以解决上面的问题，通过 super()函数可以访问父类的成员属性和成员方法，可以通过 super().__init__()函数调用父类的构造函数。经过修改后的代码如下。

```
class Person:
    def __init__(self,name,age,sex):
        self.name=name
        self.age=age
        self.sex=sex
    def out(self):
        print('*'*10)
        print(f'姓名：{self.name}')
        print(f'年龄：{self.age}')
        print(f'性别：{self.sex}')

class Student(Person):
    def __init__(self,sid,name,age,sex,grade):
        # 调用父类的构造函数
        super().__init__(name,age,sex)
        self.sid=sid
        self.grade=grade

class Teacher(Person):
    def __init__(self,tid,name,age,sex,title):
        # 调用父类的构造函数
        super().__init__(name,age,sex)
```

```
            self.tid=tid
            self.title=title          # 教师职称

student1=Student('101','张三',19,'男',2021)
print(student1.name)
student1.out()
teacher1=Teacher('1001','李四',35,'男','副教授')
print(teacher1.name)
teacher1.out()
```

运行上述代码的输出结果如下。

```
张三
**********
姓名：张三
年龄：19
性别：男
李四
**********
姓名：李四
年龄：35
性别：男
```

从上面的代码可以看出，父类 Person 类中的 name、age 和 sex 对象成员属性，以及 out() 对象成员方法都被子类 Student 类和 Teacher 类继承。除此之外，Student 类还有自己的 sid 和 grade 对象成员属性，Teacher 类还有自己的 tid 和 title 对象成员属性。

需要注意的是，父类中只有公有的和受保护的对象成员属性和成员方法才能被子类继承，私有的对象成员属性和成员方法是无法被子类继承的。

例如：

```
class Person:
    def __init__(self,name,age,sex):
        self.__classId=1
        self.name=name
        self.age=age
        self.sex=sex
    def out(self):
        print('*'*10)
        print(f'姓名：{self.name}')
        print(f'年龄：{self.age}')
        print(f'性别：{self.sex}')


class Student(Person):
    def __init__(self,sid,name,age,sex,grade):
        # 调用父类的构造函数
        super().__init__(name,age,sex)
        self.sid=sid
        self.grade=grade
        self.classId=self.__classId
```

```
student1=Student('101','张三',19,'男',2021)
print('classId:',student1.classId)
```

运行上述代码将会报如下错误。

```
Traceback (most recent call last):
  File "C:/projects/ test.py", line 22, in <module>
    student1=Student('101','张三',19,'男',2021)
  File "C:/projects/test.py", line 19, in __init__
    self.classd=self.__classId
NameError: name '_Student__classId' is not defined
```

如果想让子类 Student 类继承父类 Person 类中的 classId 对象成员属性，可以使用以下两种方法。

（1）将父类 Person 类中的 self.__classId=1 修改为 self._classId=1，即将 classId 改为受保护类型，同时把子类 Student 类中的 self.classId=self.__classId 修改为 self.classId=self._classId。

（2）将父类 Person 类中的 self.__classId=1 语句修改为 self.classId=1，即将 classId 改为公有类型，同时把子类 Student 类中的 self.classId=self.__classId 删除。

经过上述修改后，再次运行代码，输出结果如下。

```
classId: 1
```

在 Python 中，可以通过 isinstance()函数判断一个对象是否为一个类的实例，其语法格式如下。

```
isinstance(obj,class)
```

其中，obj 是要判断的对象变量。class 是要判断的类。

如果 obj 是 class 的一个对象实例，则返回 True，否则，返回 False。

需要注意的是，在类继承时，子类对象是父类的对象实例，父类对象不是子类的对象实例。以上述代码中的父类 Person 类和子类 Student 类为例，可以说 Student 的一个对象实例是 Person，但不能说 Person 的一个对象实例是 Student。

例如：

```
student1=Student('101','张三',19,'男',2021)
person1=Person('李四',19,'女')
if isinstance(person1,Person):
    print("person1 is Person")
else:
    print("person1 is not Person")
if isinstance(person1,Student):
    print("person1 is Student")
else:
    print("person1 is not Student")
if isinstance(student1,Person):
    print("student1 is Person")
else:
```

```
    print("student1 is not Person")
if isinstance(student1,Student):
    print("student1 is Student")
else:
    print("student1 is not Student")
```

运行上述代码的输出结果如下。

```
person1 is Person
person1 is not Student
student1 is Person
student1 is Student
```

9.3.2 方法重写

在面向对象的程序设计中需要类继承时，存在父类中的某个方法不适合子类的情况时，需要在子类中重新定义父类的同名方法，称之为重写。在子类重写父类方法时，有以下两种情况。

（1）覆盖父类的方法：父类的方法实现和子类的方法实现完全不同，就可以使用覆盖的方式在子类中重新编写父类的方法实现。具体的实现方式相当于在子类中定义一个和父类同名的方法并且实现，重写后运行时只会调用子类中重写的方法，不会再调用父类封装的方法。

（2）对父类的方法进行扩展：子类的方法实现包含父类的方法实现，父类原本封装的方法实现是子类方法的一部分，就可以使用扩展的方式，在子类中重写父类的方法，在需要的位置使用"super().父类方法"来调用父类方法的执行，代码中其他的位置针对子类的需求，编写子类特有的代码实现。

在 Python 中，super 是一个特殊的类，super()的含义是创建一个 super 类对象，最常使用的场景是在重写父类方法时，调用在父类中封装的方法实现。

例如，将父类 Person 类的 out()对象成员方法在子类 Student 类中覆盖重写。

```
class Person:
    def __init__(self,name,age,sex):
        self.name=name
        self.age=age
        self.sex=sex
    def out(self):
        print('*'*10)
        print(f'姓名：{self.name}')
        print(f'年龄：{self.age}')
        print(f'性别：{self.sex}')

class Student(Person):
    def __init__(self,sid,name,age,sex,grade):
        # 调用父类的构造函数
        super().__init__(name,age,sex)
        self.sid=sid
```

```
        self.grade=grade

    def out(self):        # 覆盖父类 Person 类的 out() 对象成员方法
        print('*'*10)
        print(f'姓名：{self.name}')
        print(f'年龄：{self.age}')
        print(f'性别：{self.sex}')
        print(f'学号：{self.sid}')
        print(f'年级：{self.grade}')

person1=Person('李四',19,'女')
person1.out()
student1=Student('101','张三',19,'男',2021)
student1.out()
```

运行上述代码的输出结果如下。

```
**********
姓名：李四
年龄：19
性别：女
**********
姓名：张三
年龄：19
性别：男
学号：101
年级：2021
```

由上面代码可以看出，父类 Person 类对象 person1 调用的是 Person 类的 out()对象成员方法，而子类 Student 类对象 student1 调用的是覆盖重写以后的 Student 类的 out()对象成员方法。

在 Student 类中输出学生信息时，实际上在父类中已经输出 name、age 和 sex 对象成员属性，在子类中可以通过扩展父类的 out()对象成员方法（扩展父类方法）重写。

例如，上面的子类 Student 类可以进行如下修改。

```
class Student(Person):
    def __init__(self,sid,name,age,sex,grade):
        # 调用父类的构造函数
        super().__init__(name,age,sex)
        self.sid=sid
        self.grade=grade

    def out(self):        # 扩展父类 Person 类的 out() 对象成员方法
        super().out()
        print(f'学号：{self.sid}')
        print(f'年级：{self.grade}')
```

9.3.3 运算符重写

运算符重写意味着在类方法中实现相应的运算符运算，也就是说，当类的对象实例在做一些运算符运算时，Python 会自动调用自定义的运算符方法，运算符方法的返回值是相应操作的结果。

运算符重写就是让自定义类生成的对象（实例）能够使用运算符进行操作。类可以重写加减运算、打印、函数调用、索引等内置运算，运算符重写使对象的行为与内置函数一样，在 Python 调用时，运算符会自动地作用于对象实例。

常见的运算符重写方法如表 9-2 所示。

表 9-2 常见的运算符重写方法

方法	重写	调用
__add__(self,other)	+	相加运算，如：x+y
__sub__(self,other)	−	相减运算，如：x−y
__mul__(self,other)	*	相乘运算，如：x*y
__truediv__(self,other)	/	相除运算，如：x/y
__floordiv__(self,other)	//	整除运算，如：x/y
__iadd__(self,other)	+=	增强加法，如：x+=y
__mod__(self,other)	%	求余运算，如：x%y
__pow__(self,other)	**	指数运算，如：x**y
__repr__(self)	打印，转换	转换字符串，如：print(x)、repr(x)
__str__	打印，转换	转换字符串，如：print(x)、str(x)

重写 Student 类中的加法运算符、减法运算符和 str 运算符，具体功能如下。

加法运算符"+"：如果是一个 Student 对象和一个整数相加，则返回的是当前对象，把整数加到年龄上；如果是一个 Student 对象和另一个 Student 对象相加，则返回两个对象的列表。

减法运算符"−"：如果是一个 Student 对象减去一个整数 n，则返回当前对象，年龄减去 n。

str 运算符"str"：将 Student 类的 sid 和 sname 对象成员属性用英文逗号隔开并返回。

上述运算符的实现代码如下。

```python
class Person:
    def __init__(self,name,age,sex):
        self.name=name
        self.age=age
        self.sex=sex
    def out(self):
        print('*'*10)
        print(f'姓名：{self.name}')
        print(f'年龄：{self.age}')
        print(f'性别：{self.sex}')
```

```python
class Student(Person):
    def __init__(self,sid,name,age,sex,grade):
        # 调用父类的构造函数
        super().__init__(name,age,sex)
        self.sid=sid
        self.grade=grade

    def out(self):                          # 扩展父类 Person 类的 out() 对象成员方法
        super().out()
        print(f'学号：{self.sid}')
        print(f'年级：{self.grade}')

    def __add__(self, other):               # 重写加法运算符
        if isinstance(other,Student):       # 如果另一个对象是 Student 类
            return [self,other]
        elif isinstance(other,int):         # 如果另一个对象是整数
            self.age+=other
            return self

    def __sub__(self, other):               # 重写减法运算符
        if isinstance(other,int):           # 如果另一个对象是整数
            self.age-=other
        return self

    def __str__(self):                      # 重写 str 运算符
        return self.sid+','+self.name

student1=Student('101','张三',19,'男',2021)
student2=Student('102','李四',20,'女',2022)
student1=student1+5                         # 一个 Student 对象和一个整数相加，使年龄相加
student1.out()
student2=student2-5                         # 一个 Student 对象和一个整数相减，使年龄相减
student2.out()
student_list=student1+student2             # 两个 Student 对象相加得到一个列表
for student in student_list:
    print(student)                          # 打印时，自动调用 str 或 repr 运算符
```

运行上述代码的输出结果如下。

```
**********
姓名：张三
年龄：24
性别：男
学号：101
年级：2021
**********
姓名：李四
年龄：15
性别：女
```

```
学号: 102
年级: 2022
101,张三
102,李四
```

9.4 精彩案例

【例 9-1】编写程序，实现一个叶孤城和西门吹雪的角色对打小游戏。两个人都有的技能：打拳、踢人、吃药。打敌人一拳敌人掉 10 滴血，踢敌人一脚敌人掉 15 滴血。吃一口药自己恢复 10 滴血。

首先创建角色类，然后每个角色都会打拳、踢人、吃药，这些方法可以直接在角色类中定义，最后创建该类的实例化对象。

```python
class Role:                              # 创建角色类
    def __init__(self, name, hp=100):
        '''
        构造初始化函数
        :param name: 角色名字
        :param hp: 角色血量
        '''
        self.name = name
        self.hp = hp
    def box(self, enemy):
        '''
        打一拳
        :param enemy: 敌人
        :return:
        '''
        enemy.hp -= 10
        # 打一拳掉十滴血
        info = f'【{self.name}】打了【{enemy.name}】一拳'
        print(info)
    def kick(self, enemy):
        enemy.hp -= 15
        info =f'【{self.name}】踢了【{enemy.name }】一脚'
        print(info)
    def medcine(self):
        self.hp += 10
        info = f'【{self.name}】吃了一颗药丸'
        print(info)
    def __str__(self):
        return f'{self.name} 还剩下 {self.hp}的血量'      # 返回某个角色的剩余血量
# 创建两个实例化对象
xmcx = Role('西门吹雪')
ygc = Role('叶孤城')
xmcx.box(ygc)
```

```
print(xmcx)
print(ygc)
ygc.kick(xmcx)
print(xmcx)
print(ygc)
ygc.medcine()
print(xmcx)
print(ygc)
```

运行上述代码的输出结果如下。

```
【西门吹雪】打了【叶孤城】一拳
西门吹雪 还剩下 100 的血量
叶孤城 还剩下 90 的血量
【叶孤城】踢了【西门吹雪】一脚
西门吹雪 还剩下 85 的血量
叶孤城 还剩下 90 的血量
【叶孤城】吃了一颗药丸
西门吹雪 还剩下 85 的血量
叶孤城 还剩下 100 的血量
```

【例 9-2】编写程序定义一个人类，每个人都有名字和年龄，都可以与另一个人交谈。定义一个中国人类，继承于人类，所有中国人有共同的语言——汉语，并且使用汉语交谈。

```
class Person(object):                # 定义类
    def __init__(self, name, age):
        self.name = name             # 人的名字
        self.age = age               # 人的年龄
    def talk(self):                  # 定义交流的方法
        print("person is talking...")
# 定义中国人类继承于人类
class Chinese(Person):
    def __init__(self, name, age, language):
        Person.__init__(self, name, age)
        self.language = language     # 添加人的语言
        print(self.name, self.age, self.language)
    def talk(self):                  # 子类的重构方法
        print('%s 用汉语交流' % self.name)
    def walk(self):
        print('%s 正在走' % self.name)
c = Chinese('小张', 22, 'Chinese')
c.talk()
c.walk()
```

程序的运行结果如下。

```
小张 22 Chinese
小张 用汉语交流
小张 正在走
```

【例 9-3】编写程序定义一个圆类，实现计算圆的周长和面积。

```python
# 导入 math 模块
import math
class Circle:
    '''
    # 定义一个圆类，求其面积和周长
    '''
    def __init__(self,r):
        '''
        :param r: 半径
        '''
        self.r = r
    def get_area(self):              # 定义计算面积的方法
        return math.pi *self.r **2
    def get_perimeter(self):         # 定义计算周长的方法
        return 2 * math.pi *self.r
if __name__ == '__main__':
    radius = eval(input("请输入圆的半径："))
    c = Circle(r = radius)
    print("半径为{}的圆的面积是: {:.2f}".format(radius, c.get_area()))
    print("半径为{}的圆的周长是: {:.2f}".format(radius, c.get_perimeter()))
```

程序的运行结果如下。

```
请输入圆的半径：3
半径为 3 的圆的面积是：28.27
半径为 3 的圆的周长是：18.84
```

注意： 一个 Python 文件通常有两种使用方法，第一种是作为脚本直接执行，第二种是导入到其他的 Python 脚本中被调用（模块重用）执行。因此 if__name__ =='__main__': 的作用就是控制这两种情况执行代码的过程，在 if__name__ =='__main__': 下的代码只有在脚本直接执行时才会被执行，而在使用 import 语句导入其他脚本中时是不会被执行的。如果不加上面的判断，在导入其他脚本中时，会自动执行里面的代码。

【例 9-4】 编写程序，设计一个简单的购房商贷月供计算器类，按照以下公式计算总利息和每月还款金额。

总利息=贷款金额*利率

每月还款金额=（贷款金额+总利息）/贷款年限

贷款年限不同利率也不同，规定如下：

3 年（36 个月） 6.03%

5 年（60 个月） 6.12%

20 年（240 个月） 4.39%

```python
class Loan:
    def __init__(self,num,year):
        self.num=num                 # 金额
        self.year=year               # 年限
    # 定义输入年份对应的利率
    def getInterestRate (self):
```

```
            if self.year==3:
                return 0.0603
            elif self.year==5:
                return 0.0612
            elif self.year==20:
                return 0.0639
    # 定义月供的计算方法
    def getMonthSupply (self):
        return round(self.num*(1+self. getInterestRate ())/(self.year*12),2)
if __name__ == '__main__':
    num=int(input('请输入贷款金额: '))
    year=int(input('请输入贷款年限（3 年、5 年、20 年）: '))
    loan1=Loan(num,year)
    print('月供为: ',loan1. getMonthSupply ())
```

运行上述代码，并按下面的值进行输入。

```
请输入贷款金额: 200000
请输入贷款年限（3 年、5 年、20 年）: 3
```

程序的输出结果如下。

```
月供为: 　5890.56
```

【例 9-5】编写程序，制作一个学生选课系统，模拟一位学生选课，要求：

（1）学生信息包括学号、姓名、性别、选课结果信息。

（2）课程信息包括课程号、课程名、教室和任课教师姓名。

（3）循环显示：0.选课 1.退选 2.显示 3. 退出，当学生输入 0 或 1 时，提示可通过输入课程号选课或退选；输入 2 时，显示选课信息；输入 3 时，退出系统。在选课时，如果已经选了某同名课，再选该课时将提示不能再选。

```
class Lesson:
    def __init__(self,lessonId,lessonName,classroom,teacher):
        self.lessonId=lessonId
        self.lessonName=lessonName
        self.classroom=classroom
        self.teacher=teacher
    # 根据课程号在课程列表中选择课程
    @staticmethod
    def getLessonByLessonId(lessons,lessonId):
        for lesson in lessons:
            if lesson.lessonId==lessonId:
                return lesson
        return None
    # 输出所有课程信息
    @staticmethod
    def outLessons(lessons):
        print('-'*60)
        for lesson in lessons:
            print(f'{lesson.lessonId}\t{lesson.lessonName}\t', end='')
```

```
            print(f'{lesson.classroom}\t{lesson.teacher}')
        print('-'*60)
class Student:
    def __init__(self,sid,name,sex,lessons=[]):
        self.sid=sid
        self.name=name
        self.sex=sex
        self.lessons=lessons
    # 选修课程
    def addLesson(self,lesson):
        lesson_names=[lesson.lessonName for lesson in self.lessons]
        if lesson.lessonName in lesson_names:
            print('您已经选过同名课程了，不能再选了')
        else:
            self.lessons.append(lesson)
            print('选课成功')
    # 退选课程
    def deleteLesson(self,lesson):
        if lesson in self.lessons:
            self.lessons.remove(lesson)
            print(f'已经退选了课程号为{lesson.lessonId}的课程')
        else:
            print('没有您要退选的课程')
    # 输出选课信息
    def outLessons(self):
        Lesson.outLessons(self.lessons)
    # 输出学生信息
    def out(self):
        print(f'{self.sid},{self.name},{self.sex}')


# 显示菜单函数
def showMenu():
    print('*'*20)
    print('0.选课')
    print('1.退选')
    print('2.显示')
    print('3.退出')


all_lessons=[]
all_lessons.append(Lesson('101','C 语言','A5-101','王老师'))
all_lessons.append(Lesson('102','Python','A6-102','李老师'))
all_lessons.append(Lesson('103','微机原理','A6-103','张老师'))
all_lessons.append(Lesson('104','线性系统','A3-304','刘老师'))
student1=Student('202201','张三','女')
Lesson.outLessons(all_lessons)
while True:
    showMenu()
    choice=input('请选择操作：')
```

```
    if choice=='0':      # 选课
        lessonId=input("请输入选课程号：")
        lesson=Lesson.getLessonByLessonId(all_lessons,lessonId)
        if lesson:  # 如果课程不是 None
            student1.addLesson(lesson)
    elif choice=='1':    # 退选
        lessonId=input("请输入退选课程号：")
        lesson=Lesson.getLessonByLessonId(all_lessons,lessonId)
        if lesson:  # 如果课程不是 None
            student1.deleteLesson(lesson)
    elif choice=='2':    # 显示选课信息
        student1.outLessons()
    elif choice=='3':    # 退出系统
        break
    else:
        print("请重新选择操作")
```

运行上述代码，并按下面的内容输入，输出结果如下。

```
-------------------------------------------------------------
101  C 语言      A5-101     王老师
102  Python     A6-102     李老师
103  微机原理    A6-103     张老师
104  线性系统    A3-304     刘老师
-------------------------------------------------------------
*********************
0. 选课
1. 退选
2. 显示
3. 退出
请选择操作：0
请输入选课程号：101
选课成功
*********************
0. 选课
1. 退选
2. 显示
3. 退出
请选择操作：0
请输入选课程号：102
选课成功
*********************
0. 选课
1. 退选
2. 显示
3. 退出
请选择操作：0
请输入选课程号：103
选课成功
```

```
* * * * * * * * * * * * * * * * * * * *
0. 选课
1. 退选
2. 显示
3. 退出
请选择操作：1
请输入退选课程号：103
已经退选了课程号为 103 的课程
* * * * * * * * * * * * * * * * * * * *
0. 选课
1. 退选
2. 显示
3. 退出
请选择操作：2
----------------------------------------------------------------
101  C 语言     A5-101     王老师
102  Python     A6-102     李老师
----------------------------------------------------------------
* * * * * * * * * * * * * * * * * * * *
0. 选课
1. 退选
2. 显示
3. 退出
请选择操作：3
```

本章小结

　　本章主要介绍了面向对象编程中的类和对象的概念及定义方法、成员属性和成员方法的封装、类的继承，以及成员方法和运算符的重写。

　　类是对象的抽象，对象是类的具体。类具有封装性、继承性和多态性。类包含成员属性和成员方法两类成员。成员属性分为对象成员属性和类成员属性。成员方法分为对象成员方法、类成员方法和静态成员方法。成员属性和成员方法根据访问范围可分为公有的（开始字符没有下画线）、受保护的（以一个下画线开始）和私有的（以两个下画线开始）。

　　在面向对象编程中，通过类的继承来减少重复代码。子类继承父类的所有公有的、受保护的成员属性和成员方法。在子类中可以对父类的成员方法进行重写。在类中可以对运算符进行重写。

　　面向对象编程是非常重要的一种编程方法，可以极大地提高编程效率，降低编程的复杂性，希望读者能够熟练掌握。

习题

一、简答题

1. 什么是类？类的特性有哪些？什么是对象？

2. 类由哪些成员组成？

3. 类的属性和对象的属性有什么区别？

4. 面向对象编程和面向过程编程的区别是什么？

5. 方法中的"self"代表什么，"cls"代表什么？

6. __init__方法的作用是什么？

7. 类成员方法和对象成员方法有什么区别？

8. 当子类重写__init__方法，在实例化对象的时候，如果想要调用父类的__init__方法应该怎么写？

9. 请执行以下代码，解释错误原因，并修正错误。

```
class Dog(object):
    def __init__(self,name):
        self.name = name
    @property
    def eat(self):
        print(" %s is eating" %self.name)
d = Dog("ChenRonghua")
d.eat()
```

10. 下面代码的运行结果是什么？

```
class Parent(object):
    x = 1
class Child1(Parent):
    pass
class Child2(Parent):
    pass

print(Parent.x, Child1.x, Child2.x)
Child1.x = 2
print(Parent.x, Child1.x, Child2.x)
Parent.x = 3
print(Parent.x, Child1.x, Child2.x)
```

二、编程题

1. 定义一个 People 类，其中要有类的初始化函数（带参数 name），然后将 name 改成私有属性。

2. 将身边的一个事物抽象成一个类，如老师、学生、桌子、椅子、苹果、香蕉、枕头、被子或任意物品。提供基本属性和基本方法，通过类创建出几个不同的对象，并打印它们的属性、调用它们的方法。

3. 定义一个汽车类，并在类中定义一个 move 方法，然后分别创建 BMW_X9、AUDI_A9 对象，再添加颜色、马力、型号等属性，最后分别打印出属性值、调用 move 方法。

4. 编写 Python 程序，模拟简单的计算器。定义名为 Number 的类，其中有两个整型数据成员 n1 和 n2，应声明为私有。编写__init__方法，外部接收 n1 和 n2，再为该类定义加、减、乘、除等成员方法，分别对两个成员变量执行加、减、乘、除的运算。创建 Number

类的对象，调用各个方法，并显示计算结果。

5．创建一个学生类，存储学生的姓名，Python、C、Java 成绩，然后定义一个学生对象列表用来存储 5 个学生，依次输入学生信息，输出所有学生的姓名及 3 科成绩，成绩以等级的形式显示（成绩≥90 以上为 A，80≤成绩<90 为 B，60≤成绩<80 为 C，成绩≤60为 D）。

6．定义一个基础类（圆 Circle 类），定义对象时，需要传入圆的半径 r 作为参数，定义一个成员方法 area()，实现计算圆的面积的功能；定义一个圆柱体 Cylinder 类继承 Circle类，当定义对象时，需要传入半径 r 和高 h，重写 area()成员方法，实现计算圆柱体表面积的功能；增加一个 volume()成员方法，实现计算圆柱体体积的功能。要求用户输入半径，输出圆的面积，输入半径和高，输出圆柱体的表面积和体积。

第 10 章

常用的第三方库

Python 中的库分为标准库和第三方库两类。Python 中的标准库是安装 Python 后系统自带的库，导入后即可使用，而第三方库需要下载安装。Python 提供了大量的第三方库。本章介绍 3 种常用的第三方库：网络访问 requests 库、数学运算 numpy 库和绘图 matplotlib 库。本章主要介绍上述 3 种第三方库的使用场景、下载安装及使用方法。

本章重点：

- 掌握 requests 库中常见函数的用法。
- 掌握 numpy 库中常见函数的用法。
- 掌握使用 matplotlib 库绘制图形的方法。

10.1 第三方库的安装与导入

第三方库常用的安装方法为使用 pip 安装模块。自 Python 3.4 之后，pip 就作为 Python 标准的外部库安装工具而被包含在安装库中，因此可以直接使用，除目标库外，还可以将目标库所依存的库一并安装。

通常从 Windows 的命令提示符或 Aconda prompt 或 PyCharm 的 Terminal 窗口的命令行中输入安装指令，如图 10-1 所示，即可从网络上下载所需文件，自动安装目标库。

若需要安装第三方库，则输入以下指令。

```
pip install 目标库名称
```

若需要卸载库，则输入以下指令。

```
pip uninstall 目标库名称
```

若需要更新已安装的库，则输入以下指令。

```
pip install upgrade 目标库名称
```

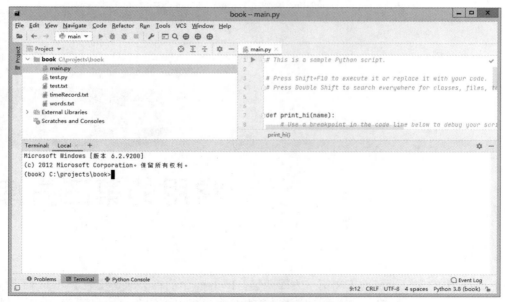

图 10-1　PyCharm 的 Terminal 窗口

如果使用的是 PyCharm 开发环境，则可以在窗口中安装和卸载第三方库，具体操作如下。

（1）单击 PyCharm 的 Terminal 窗口右下角的 Python 解释器，弹出如图 10-2 所示的解释器设置菜单。

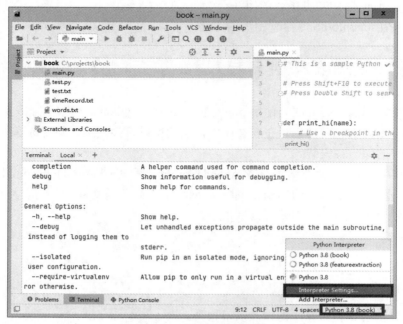

图 10-2　解释器设置菜单

（2）选择菜单中的"Interpreter Settings…"命令，弹出如图 10-3 所示的解释器设置对话框。

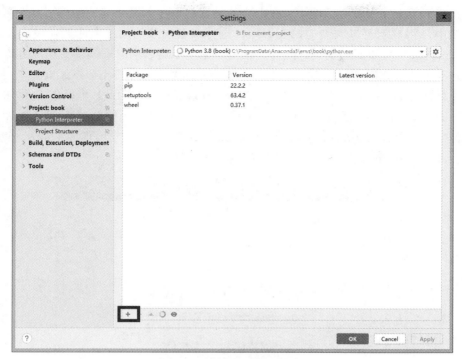

图 10-3　解释器设置对话框

（3）在解释器设置对话框中，单击下方的"+"按钮，弹出如图 10-4 所示的第三方库安装对话框。

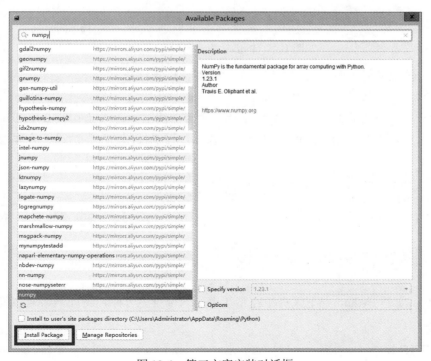

图 10-4　第三方库安装对话框

（4）在第三方库安装对话框中，在上方的搜索栏里输入需要安装的第三方库名称，在左侧列表中，将显示可以安装的第三方库，选择需要安装的第三方库后，单击左下角的"Install Package"按钮即可安装。此外，在本对话框中可以同时安装多个第三方库，在安装成功之前不要关闭对话框，否则，没有安装成功的第三方库将不会继续安装。

由于默认安装的第三方库是从官网下载的，速度比较慢，因此，可以单击图 10-4 中的"Manage Repositories"按钮设置国内第三方库镜像源。国内常用的 Python 第三方库镜像源有阿里镜像源（https://mirrors.aliyun.com/pypi/simple/）和清华大学镜像源（https://pypi.tuna.tsinghua.edu.cn/simple）。Python 镜像源管理对话框如图 10-5 所示。

图 10-5　Python 镜像源管理对话框

设置好镜像源后，关闭第三方库安装对话框，重新打开第三方库安装对话框后，就可以从设置的国内镜像源上下载 Python 第三方库。

Python 第三方库安装完成后，可以像标准库一样使用 import 语句或 from…import 语句将第三方库引入程序。为了方便调用和简化代码，可以使用"as"给第三方库起一个简易的别名。

```
import requests
import numpy as np
import matplotlib.pyplot as plt
```

10.2　网络访问 requests 库

requests 库是 Python 中下载资源经常使用的一个第三方库，比如网络爬虫就可以使用 requests 库实现。

1．HTTP 概念

在介绍 requests 库前，先介绍一下 HTTP 基本概念。HTTP（Hyper Text Transfer Protocol）

又称超文本传输协议，是互联网上应用较为广泛的一种请求–响应协议，它指定了客户端可能发送给服务器什么样的消息，以及得到什么样的响应。HTTP 协议采用 URL 作为定位网络资源的标识符，URL 是通过 HTTP 协议存取资源的 Internet 路径，一个 URL 对应一个数据资源，其基本格式如下。

```
http://host[:port][path]
```

其中：host 为合法的 Internet 主机域名或 IP 地址；port 为端口号，默认为 80 号端口；path 为请求资源的路径。

例如：

```
http://www.weather.com.cn/weather40d/101090201.shtml
```

上述代码中，主机为 www.weather.com.cn，端口号没有设置，则其为默认值 80，请求资源地址为 weather40d/101090201.shtml。

2．requests 库的常用函数

requests 库是用 Python 编写的处理 HTTP 的第三方库，其最大优点是程序编写过程接近正常 URL 的访问过程。

requests 库的常用函数如表 10-1 所示。

表 10-1　requests 库的常用函数

名称	功能
requests.get()	对应 HTTP 的 GET 方法，请求获取 URL 的资源
requests.head()	对应 HTTP 的 HEAD 方法，请求获取资源的头部信息
requests.post()	对应 HTTP 的 POST 方法，请求获取 URL 的资源
requests.put()	对应 HTTP 的 PUT 方法，请求向 URL 存储一个资源，覆盖原 URL 的资源
requests.patch()	对应 HTTP 的 PATCH 方法，请求局部更新 URL 的资源
requests.delete()	对应 HTTP 的 DELETE 方法，请求删除 URL 存储的资源
requests.request()	构造一个向服务器请求资源的 Request 对象

3．发送 HTTP 请求

使用 requests 库可以向服务器发送 GET 和 POST 两类 HTTP 请求来获取相应资源，请求资源后会返回一个 Response 对象，其存储了服务器响应的内容，Response 对象的属性如表 10-2 所示。

表 10-2　Response 对象的属性

名称	功能
status_code	HTTP 请求的返回状态值，是一个整数，200 表示请求成功，404 表示没有请求的资源
encoding	HTTP 响应内容的编码方式
text	HTTP 响应内容的字符串形式，即 URL 对应的页面内容
content	HTTP 响应内容的二进制形式

利用 requests 库可以向服务器发送 GET 请求，其语法格式如下。

```
response 对象=requests.get(url[,data])
```

其中：url 为请求资源的地址；data 为请求参数，如果没有请求参数，则该参数可以省略。

例如，获取北京市当天的天气预报。

```
import requests
response= requests.get('http://www.weather.com.cn/data/cityinfo/101010100.html')
status_code=response.status_code
encoding=response.encoding
text=response.text
print(f'response code:{status_code}')
print(f'response encoding:{encoding}')
print(f'response text:{text}')
```

运行上述代码的输出结果如下。

```
response code:200
response encoding:ISO-8859-1
response text: {"weatherinfo":{"city":"å äº¬","cityid":"101010100","temp1":
"18â ","temp2":"31â ","weather":"åҚ äº è½¬é ´","img1":"n1.gif","img2":"d2.gif",
"ptime":"18:00"}}
```

上述网址中的"101010100"为北京市的编码，读者也可以将此编码修改为所在地的编码来查询所在地的天气情况。

由于上述代码输出的返回结果编码是 ISO-8859-1 编码，而 PyCharm 默认是 UTF-8 编码，所以导致输出结果存在中文乱码问题。将返回对象 Response 的编码从 ISO-8859-1 编码转换为 UTF-8 编码即可。转换以后的代码如下。

```
import requests
response= requests.get(' http://www.weather.com.cn/data/cityinfo/101010100.html')
status_code=response.status_code
encoding=response.encoding
response.encoding='UTF-8'
text=response.text
print(f'response code:{status_code}')
print(f'response encoding:{encoding}')
print(f'response text:{text}')
weather=eval(text)                          # 将文本转换为字典
print(f'城市: {weather["weatherinfo"]["city"]}')
print(f'最低气温: {weather["weatherinfo"]["temp1"]}')
print(f'最高气温: {weather["weatherinfo"]["temp2"]}')
print(f'天气: {weather["weatherinfo"]["weather"]}')
```

运行上述代码的输出结果如下。

```
response code:200
response encoding:ISO-8859-1
response text: {"weatherinfo":{"city":"北京","cityid":"101010100","temp1":"18℃
","temp2":"31℃","weather":"多云转阴","img1":"n1.gif","img2":"d2.gif","ptime":"18:00"}}
城市：北京
```

最低气温：18℃

最高气温：31℃

天气：多云转阴

此外，当请求资源的返回结果是 json 数据时，可以使用 response.json()函数直接将返回结果转换为字典数据，修改后的代码如下。

```python
import requests
response= requests.get(' http://www.weather.com.cn/data/cityinfo/101010100.html')
status_code=response.status_code
encoding=response.encoding
response.encoding='UTF-8'
text=response.text
print(f'response code:{status_code}')
print(f'response encoding:{encoding}')
print(f'response text:{text}')
weather=response.json()       # 直接将返回结果转换为字典数据
print(f'城市：{weather["weatherinfo"]["city"]}')
print(f'最低气温：{weather["weatherinfo"]["temp1"]}')
print(f'最高气温：{weather["weatherinfo"]["temp2"]}')
print(f'天气：{weather["weatherinfo"]["weather"]}')
```

上述代码和修改前的代码具有相同的输出结果。

利用 requests 库也可以向服务器发送 POST 请求，其语法格式如下。

```
response 对象=requests.post(url[,data])
```

其中，url 为请求资源的地址。data 为请求参数，如果没有请求参数，则该参数可以省略。

例如，根据电话号码查询电话号码归属地。

```python
import requests
from xml.dom.minidom import parseString      # 用于解析返回的 xml 字符串
mobile=input('请输入电话号码：')
url='http://ws.webxml.com.cn/WebServices/MobileCodeWS.asmx/getMobileCodeInfo'
data={'mobileCode':mobile,'userID':''}
response=requests.post(url,data)
status_code=response.status_code
encoding=response.encoding
response.encoding='UTF-8'
text=response.text
print(f'response code:{status_code}')
print(f'response encoding:{encoding}')
print(f'response text:{text}')
doc = parseString(text)                      # xml 解析返回 xml 字符串
collection = doc.documentElement             # 获取 xml 字符串所有元素
returnInfo = collection.firstChild.data      # 获取第一个元素的数据
print(f'电话号码归属地：{returnInfo}')
```

运行上述代码并输入下面的数据，输出结果如下。

```
请输入电话号码：13930841076
response code:200
response encoding:UTF-8
response text:<?xml version="1.0" encoding="UTF-8"?>
<string xmlns="http://WebXml.com.cn/">13930841076：河北 保定 河北移动全球通卡</string>
电话号码归属地：13930841076：河北 保定 河北移动全球通卡
```

requests 库在请求资源时经常出现连接异常，这些异常被封装在 requests 库的 exceptions 模块中，requests 库连接异常的类型和说明如表 10-3 所示。

表 10-3　requests 库连接异常的类型和说明

类型	说明
requests.exceptions.ConnectionError	网络连接错误异常，如拒绝连接
requests.exceptions.HTTPError	HTTP 错误异常
requests.exceptions.URLRequired	URL 缺失异常
requests.exceptions.TooManyredirects	超过最大重定向次数，产生重定向异常
requests.exceptions.ConnectTimeout	连接远程服务器超时异常
requests.exceptions.Timeout	请求 URL 超时，产生超时异常
requests.exceptions.MissingSchema	地址不正确异常

例如，当网址输入错误或没有输入时将会产生相应的异常。

```
import requests
while True:
    url=input('请输入网址：')
    if url=='exit':
        break
    try:
        response=requests.get(url)
        status_code=response.status_code
        encoding=response.encoding
        response.encoding='UTF-8'
        text=response.text
        print(f'response code:{status_code}')
        print(f'response encoding:{encoding}')
        print(f'response text:{text}')
    except requests.exceptions.ConnectionError:
        print('请求的资源不存在')
    except requests.exceptions.MissingSchema:
        print('URL 不正确')
```

运行上述代码并输入下面的数据，输出结果如下。

```
请输入网址：
URL 不正确
请输入网址：test
```

```
URL 不正确
请输入网址：http://test.com
请求的资源不存在
请输入网址：http://www.weather.com.cn/data/cityinfo/101010100.html
response code:200
response encoding:ISO-8859-1
response text:{"weatherinfo":{"city":"北京","cityid":"101010100","temp1":"18℃
","temp2":"31℃","weather":"多云转阴","img1":"n1.gif","img2":"d2.gif","ptime":"18:00"}}
请输入网址：exit
```

10.3　数学运算 numpy 库

numpy 库是 Python 的开源数字扩展，定义了数值数组和矩阵类型以及基本运算的语言扩展。numpy 库作为一个科学计算基础包，主要提供以下功能：创建强大的 n 维数组对象、进行复杂的数值运算、用于矩阵数据处理和矢量处理等，是在 Python 中进行数据分析、机器学习等工作的必备工具。

numpy 库的主要操作对象是 ndarray 多维数组。numpy 库可以对大量数据进行更高速的处理，可以访问使用了索引和切片的元素，在部分操作上与列表类型相同，它还具有列表类型不具备的功能，如随机数的生成、数组的运算、行列运算或线性代数运算等。

10.3.1　数组的属性

在 numpy 数组中，用维度一词来表示访问数组元素所使用的索引的数量，维度又称轴，每个维度都有标识，通常从 0 开始，numpy 规定最外层为 0 轴，从外向内依次增加，直至包含最基本元素的层。

每个维度包含的元素的个数称为长度，由长度组成的元组称为数组的形状（shape），因此，形状中元素的个数即为数组的维度数，又称数组的阶。

numpy 数组还有一个属性 dtype，用来描述数组中每个元素的数据类型、字节顺序、在内存中所占字节数等基本信息。

numpy 数组的属性函数如表 10-4 所示。

表 10-4　numpy 数组的属性函数

属性	说明
ndarray.ndim	表示数组维数，返回一个元组，其长度即为秩，也可调整数组大小
ndarray.shape	数组的维度，对 n 行 m 列的矩阵来说，就是(n,m)
ndarray.size	数组元素的总个数，相当于 ndarray.shape 中 n×m 的值
ndarray.dtype	返回对象的元素类型，dtype 类型可以用于创建数组
ndarray.itemsize	以字节形式返回对象中每个元素的大小
ndarray.flags	返回对象的内存信息

10.3.2　数组的创建

使用 numpy 库之前，须提前将其导入。通常使用 import 语句的 as 语法，将 numpy 库用

np 来导入，本节的所有程序均默认已安装并导入 numpy 库。导入 numpy 库的代码如下。

```
import numpy as np
```

numpy 库提供了多种生成数组的方法，可以直接用列表、元组来生成数组，也可以用内建的函数快速生成线性数组、全 0 或全 1 数组、单位矩阵等，还可以生成各类随机数组。

（1）使用 array()函数生成数组。

将列表、元组作为参数传递给 array()函数生成 numpy 一维数组。

```
a=np.array([3,5])
print(a)
b=np.array((2,4))
print(b)
```

运行上述代码的输出结果如下。

```
[3,5]
[2,4]
```

还可以使用 array()函数生成 numpy 二维数组，注意，二维数组有行和列，在 numpy 中也称第 0 轴和第 1 轴。因此，在很多函数中常用 axis=0 和 axis=1 来指明。

```
a=np.array(([1,2,3],[4,5,6]))
print(a)
```

运行上述代码的输出结果如下。

```
[[1,2,3]
 [4,5,6]]
```

（2）使用 arange()函数生成数组。

arange()函数的语法格式如下。

```
array=np.arange(start,stop,step=1)
```

arange()函数的功能是生成大于或等于 start 且小于 stop 的步长值为 step 的等差数组，步长值参数可以为整数，也可以为小数，默认为 1。

```
a=np.arange(2,10,2)
print(a)
b=np.arange(2,5,0.5)
print(b)
```

运行上述代码的输出结果如下。

```
[2,4,6,8]
[2. 2.5 3. 3.5 4. 4.5]
```

（3）使用 linspace()函数生成数组。

linspace()函数的语法格式如下。

```
array=linspace(start,stop,num[, endpoint=True])
```

linspace()函数的功能是生成大于或等于 start 且小于或等于 stop 的包含 num 个元素的等差数组。等差数组的步长值由上述 3 个参数自动计算得到，默认包含终值 stop，如果不包含终值 stop，则设置 endpoint=False 即可。

```
a=np.linspace(1,2,5)
print(a)
b=np.linspace(1,2,5,endpoint=False)
print(b)
```

运行上述代码的输出结果如下。

```
[1.  1.25 1.5 1.75 2.]
[1.  1.2 1.4 1.6 1.8]
```

（4）使用 ones()、zeros() 和 eye() 函数生成数组。

ones() 函数可以生成全 1 数组，zeros() 函数可以生成全 0 数组，eye() 函数可以生成单位矩阵。

例如，生成含有 n 个元素的一维全 1 或全 0 数组。

```
a=np.ones(5)
print(a)
b=np.zeros(4)
print(b)
```

运行上述代码的输出结果如下。

```
[1. 1. 1. 1. 1.]
[0. 0. 0. 0.]
```

生成 m*n 的二维全 1 或全 0 数组。

```
a=np.ones((3,5))
print(a)
b=np.zeros((5,5))
print(b)
c=np.eye(5,5)
print(c)
```

运行上述代码的输出结果如下。

```
[[1. 1. 1. 1. 1.]
 [1. 1. 1. 1. 1.]
 [1. 1. 1. 1. 1.]]
[[0. 0. 0. 0. 0.]
 [0. 0. 0. 0. 0.]
 [0. 0. 0. 0. 0.]
 [0. 0. 0. 0. 0.]
 [0. 0. 0. 0. 0.]]
[[1. 0. 0. 0. 0.]
 [0. 1. 0. 0. 0.]
 [0. 0. 1. 0. 0.]
 [0. 0. 0. 1. 0.]
 [0. 0. 0. 0. 1.]]
```

（5）使用随机函数生成数组。

使用 random.rand(m,n)可以生成在区间[0,1]内均匀分布的 m×n 的小数数组。

```
a=np.random.rand(2,2)
print(a)
```

运行上述代码的输出结果如下。

```
[[0.55425313 0.47551546]
 [0.02368498 0.72689281]]
```

使用 random.randint(start,stop,num)可以生成区间 start 和 stop 内的 num 个随机整数。

```
a=np.random.randint(1,100,5)
print(a)
```

运行上述代码的输出结果如下。

```
[ 2 88 41 72 91]
```

10.3.3 数据类型

numpy 支持的数据类型比 Python 内置的数据类型要多很多，基本上可以和 C 语言的数据类型对应上，其中部分类型与 Python 内置的类型相对应。常用的 numpy 基本类型如表 10-5 所示。

表 10-5　常用的 numpy 基本类型

名称	描述
bool_	布尔型数据类型（True 或 False）
int_	默认的整数类型（类似于 C 语言中的 long，int32 或 int64）
intc	与 C 语言的 int 类型一样，一般是 int32 或 int64
intp	用于索引的整数类型（一般情况下是 int32 或 int64）
int8	字节（-128~127）
int16	整数（-32768~32767）
int32	整数（-2147483648~2147483647）
int64	整数（-9223372036854775808~9223372036854775807）
uint8	无符号整数（0~255）
uint16	无符号整数（0~65535）
uint32	无符号整数（0~4294967295）
uint64	无符号整数（0~18446744073709551615）
float_	float64 类型的简写
float16	半精度浮点数，包括：1 个符号位，5 个指数位，10 个尾数位
float32	单精度浮点数，包括：1 个符号位，8 个指数位，23 个尾数位
float64	双精度浮点数，包括：1 个符号位，11 个指数位，52 个尾数位
complex_	complex128 类型的简写，即 128 位复数
complex64	复数，表示双 32 位浮点数（实数部分和虚数部分）
complex128	复数，表示双 64 位浮点数（实数部分和虚数部分）

在 numpy 中，数据类型对象（dtype）用来描述与数组对应的内存区域是如何使用的，它描述了数据的以下几个方面：

- 数据的类型（整数、浮点数或 Python 对象）。
- 数据的大小（如整数使用多少个字节存储）。
- 数据的字节顺序（小端法或大端法）。
- 在结构化类型的情况下，字段的名称、每个字段的数据类型和每个字段所取的内存块的部分。
- 如果数据类型是子数组，那么它的形状和数据类型是什么。

字节顺序对数据类型预先设定，"<"表示小端法（最小值存储在最小的地址，即低位组放在最前面），">"表示大端法（最重要的字节存储在最小的地址，即高位组放在最前面）。

在 numpy 中，dtype 对象构造的语法格式如下。

```
numpy.dtype(object, align, copy)
```

其中：object 为要转换的数据类型对象；align 如果为 True，则填充字段使其类似 C 语言的结构体；copy 复制 dtype 对象，如果为 False，则是对内置数据类型对象的引用。

例如：

```
import numpy as np
# 使用标量类型
dt = np.dtype(np.int32)
print(dt)
# int8、int16、int32、int64 四种数据类型可以使用字符串'i1'、'i2'、'i4'、'i8' 代替
dt = np.dtype('i4')
print(dt)
# 字节顺序标注
dt = np.dtype('<i4')
print(dt)
```

运行上述代码的输出结果如下。

```
int32
int32
int32
```

此外，在 numpy 中，可以自定义结构化类型。例如：

```
import numpy as np
# 创建结构化数据类型
dt = np.dtype([('age',np.int8)])
print(dt)
# 将数据类型应用于 ndarray 对象
dt = np.dtype([('age',np.int8)])
a = np.array([(10,),(20,),(30,)], dtype = dt)
print(a)
# 类型字段名可以用于存取实际的 age 列
dt = np.dtype([('age',np.int8)])
```

```
a = np.array([(10,),(20,),(30,)], dtype = dt)
print(a['age'])
'''
定义一个结构化数据类型 student
包含字符串字段 name, 整数字段 age, 以及浮点数字段 marks
并将这个 dtype 应用到 ndarray 对象
'''
student = np.dtype([('name','S20'), ('age', 'i1'), ('marks', 'f4')])
print(student)
a = np.array([('abc', 21, 50),('xyz', 18, 75)], dtype = student)
print(a)
```

运行上述代码的输出结果如下。

```
[('age', 'i1')]
[(10,) (20,) (30,)]
[10 20 30]
[('name', 'S20'), ('age', 'i1'), ('marks', 'f4')]
[('abc', 21, 50.0), ('xyz', 18, 75.0)]
```

10.3.4 数组的运算

（1）数组和数据的运算。

在 numpy 中, 数组和数据的运算原则: 单个数据和数组的每个元素进行运算。

```
b=np.arange(2,6)
print(b)
print(b+2)
print(b*2)
```

运行上述代码的输出结果如下。

```
[2 3 4 5]
[4 5 6 7]
[ 4 6 8 10]
```

（2）相同形状数组的运算。

在数组与数组进行运算时, 须保持两个数组之间的形状相同。数组的加法、减法、乘法、除法均是进行两个数组元素对应位的运算。

```
a1=np.arange(2,6)
a2=np.arrange(8,12)
print(a1)
print(a2)
print(a1+a2)
print(a1*a2)
```

运行上述代码的输出结果如下。

```
[2 3 4 5]
[ 8 9 10 11]
[10 12 14 16]
```

```
[16 27 40 55]
```

（3）不同形状数组的运算。

numpy 规定了广播规则，主要用于不同形状数组之间的运算。当对两个数组进行操作时，numpy 会逐元素比较它们的形状。从尾（即最右边）维度开始，然后向左逐渐比较。只有当两个维度相等或其中一个维度是 1 时，这两个维度才会被认为是兼容的。如果不满足这些条件，则会抛出 ValueError:operands could not be broadcast together 异常，表明数组的形状不兼容。最终结果数组的每个维度尽可能不为 1，是两个操作数各个维度中较大的值。

numpy 数组广播规则：数组维度不同但是其后缘维度（即从末尾开始算起的维度）的轴长度相等，或数组维数相同，其中有个轴的长度为 1，则可以进行四则运算。具体数组运算广播规则如图 10-6、图 10-7 和图 10-8 所示。

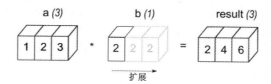

图 10-6　横向扩展

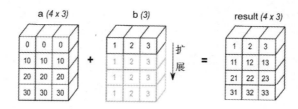

图 10-7　纵向扩展

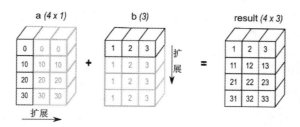

图 10-8　双向扩展

例如：

```
a1=np.arange(4)
a2=np.arange(12).reshape(3,4)          # 将一维数组转换为 3*4 的二维数组
print(a1)
print(a2)
print(a1+a2)
```

运行上述代码的输出结果如下。

```
[0 1 2 3]
[[ 0  1  2  3]
 [ 4  5  6  7]
 [ 8  9 10 11]]
[[ 0  2  4  6]
 [ 4  6  8 10]
 [ 8 10 12 14]]
```

由本例可知，a1 为一维数组，a2 为 3×4 的二维数组，两者维数不同，numpy 根据广播规则将 a1 的第 0 维扩充为 3，即将 a1 的维数变成 3×4，此时 a1 和 a2 的形状相同，可以进行对应位运算。

例如：

```
a1=np.array([[1,1,1],[2,2,2],[3,3,3]])
a2=np.array([[1],[2],[3]])
print(a1)
print(a2)
print(a1+a2)
```

运行上述代码的输出结果如下。

```
[[1 1 1]
 [2 2 2]
 [3 3 3]]
[[1]
 [2]
 [3]]
[[2 2 2]
 [4 4 4]
 [6 6 6]]
```

由本例可知，a1 和 a2 维数相同，都是二维的，a1 的形状为（3,3），a2 的形状为（3，1），即 a2 数组在 1 轴上的长度为 1，所以根据广播规则可在其 1 轴上进行扩展。此时 a1 和 a2 的形状相同，可以进行对应位的运算。

10.3.5 数组元素的访问

（1）数组的索引。

像列表和元组一样，可以通过索引来访问 numpy 数组元素。numpy 在读取一维数组时，和列表相同。二维数组分为行和列两个维度，因此访问二维数组时，可以用[row][col]来表示，也可以用[row,col]来表示，两者均表示访问数组行号为 row、列号为 col 的元素。

例如：

```
a=np.arange(1,5)
print(a)
print(a[0])
print(a[-1])
print(a[[2,3]])
```

运行上述代码的输出结果如下。

```
[1 2 3 4]
1
4
[3,4]
```

由本例可知，a 为一维数组，用 a[0]访问列表第 0 个元素，用 a[-1]倒序访问列表，即列表最后一个元素。若要访问多个元素，则将多个索引放在[]内，构成索引列表，如 a[[2,3]]，即访问列表第 2、3 个元素。

```
a=np.arange(0,8).reshape(2,4)
print(a)
print(a[0][1])
print(a[0,1])
print(a[1])
print(a[:,1])
print(a[1:2,0:2])
```

运行上述代码的输出结果如下。

```
[[0 1 2 3]
 [4 5 6 7]]
1
1
[4 5 6 7]
[1 5]
[[4 5]]
```

由本例可知，访问第 0 行第 1 列的元素可以使用 a[0,1]和 a[0][1]两种表示方法。当只给出行坐标时，省略列坐标，a[1]即访问第 1 行的所有元素。当只给出列坐标时，行坐标用:代表所有行，a[:,1]即访问第 1 列的所有元素。若要取数据块，可以用 a[1:2,0:2]即访问第 1～2 行和第 0～2 列。

（2）数组的切片。

numpy 数组的切片语法和列表的切片语法相同。但需要注意的是，列表的切片操作是复制元素，切片和原列表在内存中是相互独立的，而 numpy 数组的切片操作是产生一个视图，视图和原数组指向同一个内存空间，两者相互影响，若想对 ndarray 数据进行复制操作，则可以使用.copy()函数。

10.3.6　数组操作函数

1. 修改数组形状

numpy 提供了 reshape()函数、flat 迭代器、flatten()函数和 ravel()函数来修改数组形状。

（1）reshape()函数。

numpy.reshape()函数可以在不改变数据的条件下修改数组形状，其语法格式如下。

```
numpy.reshape(arr, newshape, order='C')
```

其中：arr 为要修改形状的数组；newshape 为整数或整数数组，新的形状应当兼容原有形状；order 为顺序，'C'表示按行，'F'表示按列，'A'表示原顺序，'k'表示元素在内存中的顺序。

例如：

```
import numpy as np
a = np.arange(8)
print('原始数组：')
print(a)
print('\n')
b = a.reshape(4,2)
print('修改后的数组：')
print (b)
```

运行上述代码的输出结果如下。

```
原始数组：
[0 1 2 3 4 5 6 7]


修改后的数组：
[[0 1]
 [2 3]
 [4 5]
 [6 7]]
```

（2）flat 迭代器。

numpy 提供了 flat 迭代器来遍历数组元素。

例如：

```
import numpy as np
a = np.arange(9).reshape(3,3)
print ('原始数组：')
for row in a:
    print (row)
# 对数组中的每个元素都进行处理，可以使用 flat 属性，该属性是一个数组元素迭代器
print ('迭代后的数组：')
for element in a.flat:
    print (element,end=' ')
```

运行上述代码的输出结果如下。

```
原始数组：
[0 1 2]
[3 4 5]
[6 7 8]
迭代后的数组：
0 1 2 3 4 5 6 7 8
```

（3）flatten()函数。

flatten()函数将多维数组转换为一维数组，返回的是原数组的复制数组，对复制数组所做的修改不会影响原数组，其语法格式如下。

```
array=ndarray.flatten(order='C')
```

其中，order 为转换顺序，'C'表示按行，'F'表示按列，'A'表示原顺序，'K'表示元素在内存中的顺序。

例如：

```
import numpy as np
a = np.arange(8).reshape(2,4)
print('原数组：')
print(a)
# 默认按行
print('展开的数组：')
print(a.flatten())
print('以 F 风格顺序展开的数组：')
print(a.flatten(order = 'F'))
```

运行上述代码的输出结果如下。

```
原数组：
[[0 1 2 3]
 [4 5 6 7]]
展开的数组：
[0 1 2 3 4 5 6 7]
以 F 风格顺序展开的数组：
[0 4 1 5 2 6 3 7]
```

（4）ravel()函数。

numpy.ravel()函数的功能是将多维数组展平，顺序通常是"C 风格"，返回的是数组视图，修改会影响原始数组，其语法格式如下。

```
numpy.ravel(a, order='C')
```

其中，order 为展开顺序，'C'表示按行，'F'表示按列，'A'表示原顺序，'K'表示元素在内存中的顺序。

例如：

```
import numpy as np
a = np.arange(8).reshape(2,4)
print('原数组：')
print(a)
print('调用 ravel()函数之后：')
print(a.ravel())
print('以 F 风格顺序调用 ravel()函数之后：')
print(a.ravel(order = 'F'))
```

运行上述代码的输出结果如下。

```
原数组：
[[0 1 2 3]
 [4 5 6 7]]
调用 ravel()函数之后：
[0 1 2 3 4 5 6 7]
```

以 F 风格顺序调用 ravel() 函数之后:
```
[0 4 1 5 2 6 3 7]
```

2. 数组转置

numpy 提供了数组转置的函数,数组转置的方法有两种,一种是用 transpose() 函数,另一种是直接用 ndarray.T 方式将 M×N 数组转置为 N×M 数组。

例如:

```
import numpy as np
a = np.arange(12).reshape(3,4)
print('原数组: ')
print(a)
print('对换数组: ')
b=np.transpose(a)
print(b)
c=a.T
print(c)
```

运行上述代码的输出结果如下。

```
原数组:
[[ 0  1  2  3]
 [ 4  5  6  7]
 [ 8  9 10 11]]
对换数组:
[[ 0  4  8]
 [ 1  5  9]
 [ 2  6 10]
 [ 3  7 11]]
[[ 0  4  8]
 [ 1  5  9]
 [ 2  6 10]
 [ 3  7 11]]
```

3. 数组连接

numpy 提供了 hstack() 函数和 vstack() 函数分别实现多个数组的水平和垂直堆叠运算,其语法格式如下。

```
array=numpy.hstack((a1,a2,a3...))
array=numpy.vstack((a1,a2,a3...))
```

其中,a1、a2、a3 为多个数组。

例如:

```
import numpy as np
a = np.array([[1,2],[3,4]])
print('第一个数组: ')
print(a)
```

```
print('\n')
b = np.array([[5,6],[7,8]])
print('第二个数组：')
print(b)
print('水平堆叠：')
c = np.hstack((a,b))
print(c)
print('垂直堆叠：')
d = np.vstack((a,b))
print(d)
```

运行上述代码的输出结果如下。

```
第一个数组：
[[1 2]
 [3 4]]
第二个数组：
[[5 6]
 [7 8]]
水平堆叠：
[[1 2 5 6]
 [3 4 7 8]]
垂直堆叠：
[[1 2]
 [3 4]
 [5 6]
 [7 8]]
```

10.3.7 常用的统计函数

numpy 提供了很多统计函数，用于从数组中求最小元素、最大元素、百分位标准差和方差等。

1．极值函数

numpy 提供了 amin()函数和 amax()函数分别求数组中的元素沿指定轴的最小值和最大值，其语法格式如下。

```
numpy.amin(a[,axis])
numpy.amax(a[,axis])
```

其中：a 为数组；axis 为指定的轴，如果未指定轴，则求整个数组的最小值或最大值。例如：

```
import numpy as np
a = np.array([[3,7,5],[8,4,3],[2,4,9]])
print('我们的数组是：')
print(a)
print('轴 1 方向：')
```

```
    print(f'最小值{np.amin(a,1)}, 最大值{np.amax(a,1)}')
    print('轴 0 方向: ')
    print(f'最小值{np.amin(a,0)}, 最大值{np.amax(a,0)}')
    print('省略轴方向: ')
    print(f'最小值{np.amin(a)}, 最大值{np.amax(a)}')
```

运行上述代码的输出结果如下。

```
我们的数组是:
[[3 7 5]
 [8 4 3]
 [2 4 9]]
轴 1 方向:
最小值[3 3 2], 最大值[7 8 9]
轴 0 方向:
最小值[2 4 3], 最大值[8 7 9]
省略轴方向:
最小值 2, 最大值 9
```

2. 中位数函数

median()用于计算一个数组中元素的中位数（中值），其语法格式如下。

```
numpy.median(a[,axis])
```

其中：a 为数组；axis 为指定的轴，如果未指定轴，则计算整个数组的中位数。
例如：

```
import numpy as np
a = np.array([[30,65,70],[80,95,10],[50,90,60]])
print('我们的数组是: ')
print(a)
print('省略轴参数: ')
print(np.median(a))
print('沿轴 0 计算中位数: ')
print(np.median(a, axis = 0))
print('沿轴 1 计算中位数: ')
print(np.median(a, axis = 1))
```

运行上述代码的输出结果如下。

```
我们的数组是:
[[30 65 70]
 [80 95 10]
 [50 90 60]]
省略轴参数:
65.0
沿轴 0 计算中位数:
[50. 90. 60.]
沿轴 1 计算中位数:
[65. 80. 60.]
```

3. 计算算术平均值函数

mean()函数用于返回数组中元素的算术平均值，如果提供了轴，则沿其计算。其语法格式和 amin()、amax()和 median()函数相同。

例如：

```
import numpy as np
a = np.array([[1,2,3],[3,4,5],[4,5,6]])
print ('我们的数组是: ')
print(a)
print('省略轴参数: ')
print(np.mean(a))
print('沿轴 0 计算算术平均值: ')
print(np.mean(a, axis = 0))
print('沿轴 0 计算算术平均值: ')
print(np.mean(a, axis = 1))
```

运行上述代码的输出结果如下。

```
我们的数组是:
[[1 2 3]
 [3 4 5]
 [4 5 6]]
省略轴参数:
3.6666666666666665
沿轴 0 计算算术平均值:
[2.66666667 3.66666667 4.66666667]
沿轴 0 计算算术平均值:
[2. 4. 5.]
```

numpy 还提供了大量其他的函数进行数组、矩阵运算，有兴趣的读者可以进一步深入学习 numpy 其他函数的应用。

10.4 绘图 matplotlib 库

数据可视化是指以图形的方式展示数据。matplotlib 库是 Python 中进行图表绘制的绘图库，其图表资源丰富，简单易用，为数据可视化提供了解决方案。

matplotlib 库包括容器层、辅助显示层和图像层 3 层。容器层主要包括 canvas 画板、figure 画布和 axes 坐标系；辅助显示层主要包括设置 axis 刻度、添加网络显示、添加描述信息、显示图例等；图像层主要用于设置图形风格，如折线图、散点图、直方图等。

如果进行基础绘图的话，通常采用 matplotlib 库中快捷命令式的绘图接口函数，即子模块 pyplot 模块。

10.4.1 绘图风格及显示窗口

matplotlib 库支持两种绘图风格：一种是类 Matlab 风格，通过命令"plt.方法()"绘图，另一种是面向对象绘图风格，本书采用类 Matlab 风格。

在绘制图像时，需要提供曲线上若干个点的 x、y 坐标，这些坐标可以用 numpy 数组表达。在使用"plt.方法()"绘图时，不同的绘图方法指定不同的参数，用于设定线条颜色、线条形状、图例文字等格式信息。

基本的绘图代码如下。

```
import matplotlib.pyplot as plt
x=[0,1,2,3,4]                        # x 的坐标值
y=[1,3,5,7,9]                        # y 的坐标值
plt.plot(x,y)                        # 绘制关于 x 与 y 的图形
plt.show()                           # 将图形在屏幕上显示出来
```

绘图结果是以独立图形窗口的形式显示的。独立图形窗口可以放大、缩小，并且支持将图形保存为多种图片格式。根据以上代码得到的图形如图 10-9 所示。

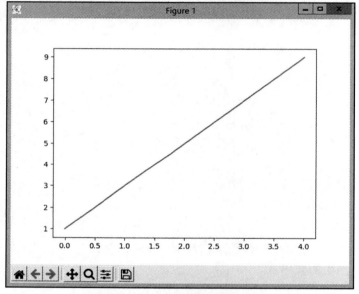

图 10-9 matplotlib 绘制图形窗口

在图 10-9 中，图形窗口底部有 7 个按钮，其作用从左到右依次为：①重置视图，显示最初的视图；②上一个视图；③下一个视图；④移动工具，用于拖动绘图的显示区域；⑤缩放工具，可以拖曳出一个矩形窗口以放大选定的图形区域；⑥设置图形参数；⑦保存图片。

10.4.2 中文显示设置

matplotlib 库的默认配置文件无法正确显示中文，如果设置了中文标题名，则无法正常显示中文。如果需要在所绘图形中正确显示中文，则应在绘图开始处添加下列语句。

```
plt.rcParams['font.sans-serif'] = [u'SimHei']
plt.rcParams['axes.unicode_minus'] = False
```

加上上面两条语句后，可在所绘图形中正常显示中文。

例如：

```
import matplotlib.pyplot as plt
plt.rcParams['font.sans-serif'] = [u'SimHei']
plt.rcParams['axes.unicode_minus'] = False
x=[0,1,2,3,4]                        # x 的坐标值
y=[1,3,5,7,9]                        # y 的坐标值
plt.plot(x,y)                        # 绘制关于 x 与 y 的图形
plt.title('Python 图表')            # 设置图表标题
plt.xlabel('x 轴')                   # 设置 x 轴标题
plt.ylabel('y 轴')                   # 设置 y 轴标题
plt.show()                           # 将图形在屏幕上显示出来
```

运行上述代码将弹出如图 10-10 所示的正常显示中文的图表。

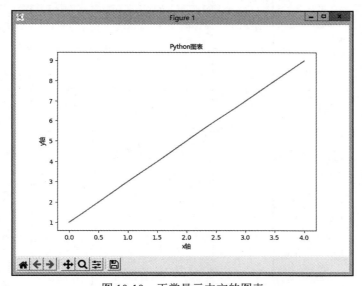

图 10-10　正常显示中文的图表

10.4.3　基本参数设置

在使用 matplotlib 库绘图时，需要指定线条的透明度、颜色、线条风格、宽度和标记图形等基本参数。绘图基本参数的具体说明如表 10-6 所示。

表 10-6　matplotlib 绘图基本参数的具体说明

参数	说明
alpha	用小数来指定线条的透明度
color	用字符串'red'、'yellow'指定线条颜色，或用'r'、'y'简写形式
linestyle	指定线条风格，'-'表示实线，'--'表示破折线，'-.'表示点画线
linewidth	表示曲线宽度
marker	标记图形

marker 标记图形是指在显示数据点时用指定的图形显示，标记图形及描述如表 10-7 所示。

表 10-7 标记图形及描述

标记	图形	描述	标记	图形	描述	标记	图形	描述
"."	●	点	"p"	⬟	五边形	1	—	右横线
","	·	像素点	"P"	✚	十字形	2	│	上竖线
"o"	●	实心圆	"*"	★	星形	3	│	下竖线
"v"	▼	下三角	"h"	⬡	六边形 1	4	◀	左箭头
"^"	▲	上三角	"H"	⬢	六边形 2	5	▶	右箭头
"<"	◀	左三角	"+"	＋	加号	6	▲	上箭头
">"	▶	右三角	"x"	✕	乘号	7	▼	下箭头
"1"	⅄	下三叉	"X"	✖	交叉形	8	◀	左箭头（以底部为中心）
"2"	⅄	上三叉	"D"	◆	菱形	9	▶	右箭头（以底部为中心）
"3"	⊣	左三叉	"d"	◆	瘦菱形	10	▲	上箭头（以底部为中心）
"4"	⊢	右三叉	"|"	│	竖线	11	▼	下箭头（以底部为中心）
"8"	●	八边形	"_"	—	横线	None		没标记
"s"	■	正方形	0	—	左横线			

例如：

```
import matplotlib.pyplot as plt
x=[0,1,2,3,4]
y=[1,3,5,7,9]
# 线条颜色设置为红色，线条风格设置为点画线，曲线宽度设置为3（默认值为0.5）
# 标记图形设置为正方形，大小为15，填充色为蓝色，边框色为黑色
plt.plot(x,y,alpha=0.5,color='r',linestyle='-.',linewidth=3,
    marker='s',markersize=15,markerfacecolor='blue',markeredgecolor='black')
plt.show()
```

运行上述代码将弹出如图 10-11 所示的设置绘图参数的效果窗口。

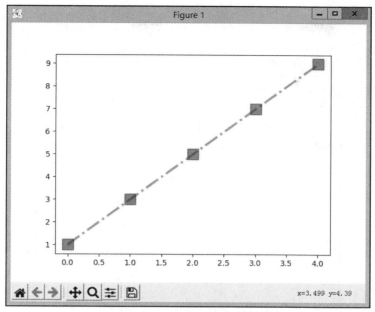

图 10-11　设置绘图参数的效果窗口

10.4.4　显示函数

当绘制图表时，可以设置坐标系标签的相关信息，如坐标标签、图形标题、显示图例等，常用的绘图相关函数如表 10-8 所示。

表 10-8　常用的绘图相关函数

函数名称	功能
plt.xlabel()	设置 x 轴标签
plt.ylabel()	设置 y 轴标签
plt.title()	设置图形标题
plt.legend()	为当前坐标图显示图例
plt.xlim(min,max)	设置 x 轴范围
plt.ylim(min,max)	设置 y 轴范围
plt.grid(True/False)	显示/不显示网格

可以使用 label='图例名'给各个子图加上图例说明，并使用 plt.legend()命令显示图例。可以使用参数 loc='位置'来规定图例的位置。示例代码如下：

```
import matplotlib.pyplot as plt
plt.rcParams['font.sans-serif'] = [u'SimHei']
plt.rcParams['axes.unicode_minus'] = False
x=[0,1,2,3,4]
y1=[1,3,5,7,9]
y2=[-2,2,6,10,14]
plt.xlabel("自变量")
plt.ylabel("因变量")
plt.plot(x,y1,alpha=0.5,color='r',linestyle='-.',linewidth=1,label='y=2x+1')
```

```
# 将曲线 1 的图例设置为 y=2x+1
plt.plot(x,y2,alpha=0.5,color='b',linestyle='--',linewidth=2,label='y=4x-2')
# 将曲线 2 的图例设置为 y=4x-2
plt.title("关于 x 和 y 的函数")        # 设置图形标题，一般呈现在图形上方
plt.legend()                           # 将图例显示出来
plt.show()                             # 将图形显示出来
```

运行上述代码将弹出如图 10-12 所示的绘图相关函数的效果窗口。

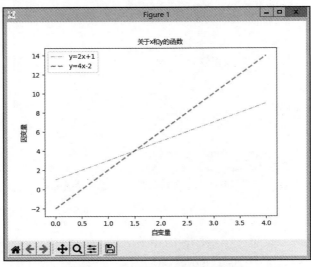

图 10-12　绘图相关函数的效果窗口

10.4.5　基本绘图函数

pyplot 模块提供了一些可以直接使用的常用的绘图函数，可以绘制直线图、曲线图、柱状图、散点图、饼状图和直方图。常用的绘图函数如表 10-9 所示。

表 10-9　常用的绘图函数

函数名称	功能
plt.plot()	根据 x、y 数据绘制直、曲线图
plt.bar()	绘制柱状图
plt.pie()	绘制饼状图
plt.hist()	绘制直方图
plt.scatter()	绘制散点图

1．柱状图

柱状图通过柱形的高低来反映数据的差异，具有较好的辨识效果。例如：

```
import matplotlib.pyplot as plt
from matplotlib.ticker import MaxNLocator    # 导入 MaxNLocator 包
plt.rcParams['font.sans-serif'] = [u'SimHei']
plt.rcParams['axes.unicode_minus'] = False
score=['<60','60~70','70~80','80~90','>90'] # x 坐标轴方向为学生分数范围
number=[3,8,21,15,3]                         # y 坐标轴方向为成绩在该分数范围内的学生人数
```

```
# 将 y 坐标轴上的数设置为整数
plt.gca().yaxis.set_major_locator(MaxNLocator(integer=True))
plt.bar(score,number,width=0.75,label='某班级成绩')
plt.legend()
plt.show()
```

运行上述代码将弹出如图 10-13 所示的成绩分布柱状图窗口。

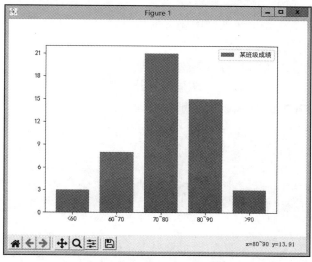

图 10-13　成绩分布柱状图窗口

使用 plt.barh() 函数可以绘制水平柱状图。例如，将上述代码中的 bar() 函数替换为 barh() 函数，即可绘制水平柱状图。

```
plt.barh(score,number,height=0.5,label='某班级成绩')
# x、y 坐标轴数据无须更改，只需将 plt.bar() 函数更换为 plt.barh() 函数
# 在 bar() 函数中用 width 参数来设置柱状图中矩形的宽度，而在 barh() 函数中用 height 参数来设置
```

运行修改后的代码将弹出如图 10-14 所示的成绩分布水平柱状图窗口。

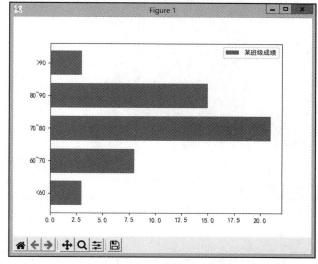

图 10-14　成绩分布水平柱状图窗口

2．饼状图

plt.pie()函数用于绘制饼状图，绘制饼状图的常用参数如下：

- explode：指定饼状图某些部分的突出显示，即实现饼状图部分分离。
- labels：为饼状图添加标签说明，类似于柱状图的图例。
- colors：指定饼状图的填充色。
- autopct：为饼状图添加百分比显示。
- shadow：设置是否添加饼状图的阴影效果。
- radius：设置饼状图的半径。
- startangle：设置饼状图的初始摆放角度。
- counterclock：设置是否让饼状图按逆时针顺序呈现。
- textprops：设置饼状图中文本的属性。

例如：

```
import matplotlib.pyplot as plt
labels=['a', 'b', 'c', 'd', 'e']
count=[15,25,30,10,25]   # 设置每个标签所占的比例
# 设置每个标签对应的填充色
colors=['#CFCFCF','#B2B2B2','#9E9E9E','#7F7F7F','#6F6F6F']
plt.pie(count,labels=labels,autopct='%.1f%%',colors=colors)   # 显示百分比
plt.legend()
plt.show()
```

运行上述代码将弹出如图 10-15 所示的绘制饼状图的效果窗口。

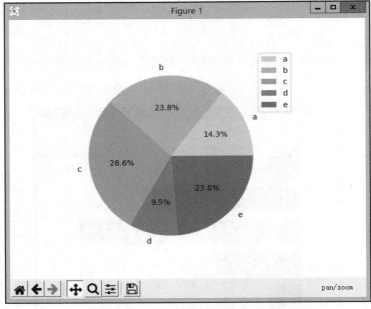

图 10-15　绘制饼状图的效果窗口

10.4.6　多图绘制

在 pyplot 模块中，可以使用 subplot()函数在一个窗口中绘制多个子图，其语法格式如下。

```
subplot(nrows, ncols, index, **kwargs)
```

其中：nrows 表示子图的行数；ncols 表示子图的列数；index 表示当前图的位置；**kwargs 表示关键字参数，可以通过关键字设置子图选项，如 facecolor= 'y'将子图背景设置为黄色。常用的关键字参数如下。

（1）facecolor 参数：设置子图背景色。

（2）title 参数：设置子图标题。

（3）xlabel 参数：设置子图 x 轴标题。

（4）ylabel 参数：设置子图 y 轴标题。

（5）frame_on 参数：设置子图是否显示边框，取值为 True 或 False。

例如，绘制一个 1 行 2 列的图表。

```
import matplotlib.pyplot as plt
import numpy as np
x=np.linspace(0,2*np.pi,1000)
y1=np.sin(x)
y2=np.cos(x)
plt.subplot(1,2,1)  # 1 行 2 列的第 1 个图
plt.plot(x,y1)
plt.subplot(1,2,2)  # 1 行 2 列的第 2 个图
plt.plot(x,y2)
plt.show()
```

运行上述代码将弹出如图 10-16 所示的 1 行 2 列的图表窗口。

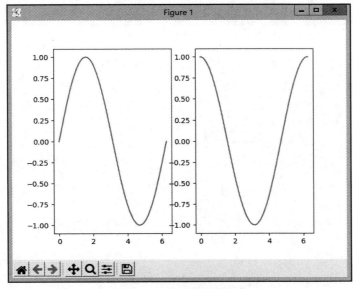

图 10-16　1 行 2 列的图表窗口

例如，绘制一个 2 行 1 列的图表。

```
import matplotlib.pyplot as plt
import numpy as np
x=np.linspace(0,2*np.pi,1000)
```

```
y1=np.sin(x)
y2=np.cos(x)
plt.subplot(2,1,1)    # 2 行 1 列的第 1 个图
plt.plot(x,y1)
plt.subplot(2,1,2)    # 2 行 1 列的第 2 个图
plt.plot(x,y2)
plt.show()
```

运行上述代码将弹出如图 10-17 所示的 2 行 1 列的图表窗口。

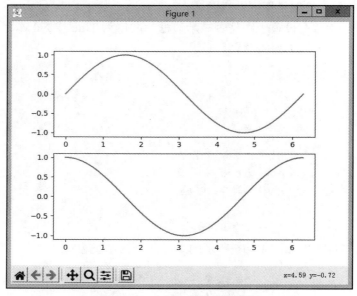

图 10-17 2 行 1 列的图表窗口

例如，绘制一个"品"字形子图，即第一行 1 个子图，第二行 2 个子图的图表。

```
import matplotlib.pyplot as plt
import numpy as np
x=np.linspace(0,2*np.pi,1000)
y1=np.sin(x)
y2=np.cos(x)
y3=np.tan(x)
plt.subplot(2,1,1)                  # 从第一行角度来看是 2 行 1 列的第 1 个图
plt.plot(x,y1)
plt.subplot(2,2,3)                  # 从第二行角度来看是 2 行 2 列的第 3 个图
plt.plot(x,y2)
plt.subplot(2,2,4)                  # 从第二行角度来看是 2 行 2 列的第 4 个图
plt.plot(x,y3)
plt.show()
```

运行上述代码将弹出如图 10-18 所示的"品"字形图表窗口。

例如，绘制一个倒"品"字形子图，即第一行 2 个子图，第二行 1 个子图的图表。

```
import matplotlib.pyplot as plt
import numpy as np
```

```
x=np.linspace(0,2*np.pi,1000)
y1=np.sin(x)
y2=np.cos(x)
y3=np.tan(x)
plt.subplot(2,2,1)    # 从第一行角度来看是 2 行 2 列的第 1 个图
plt.plot(x,y1)
plt.subplot(2,2,2)    # 从第一行角度来看是 2 行 2 列的第 2 个图
plt.plot(x,y2)
plt.subplot(2,1,2)    # 从第二行角度来看是 2 行 1 列的第 2 个图
plt.plot(x,y3)
plt.show()
```

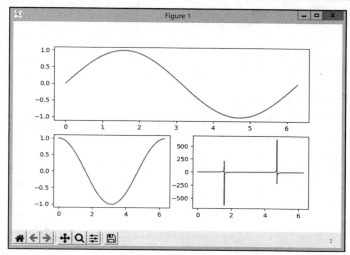

图 10-18　"品"字形图表窗口

运行上述代码将弹出如图 10-19 所示的倒"品"字形图表窗口。

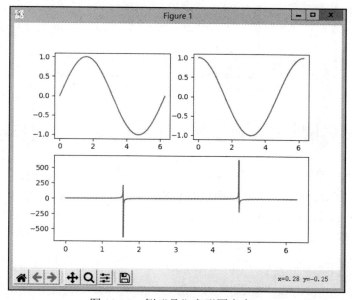

图 10-19　倒"品"字形图表窗口

例如，绘制一个左倒"品"字形子图，即第一列 1 个子图，第二列上下 2 个子图的图表。

```python
import matplotlib.pyplot as plt
import numpy as np
x=np.linspace(0,2*np.pi,1000)
y1=np.sin(x)
y2=np.cos(x)
y3=np.tan(x)
plt.subplot(1,2,1)          # 从第一列角度来看是 1 行 2 列的第 1 个图
plt.plot(x,y1)
plt.subplot(2,2,2)          # 从第二列角度来看是 2 行 2 列的第 2 个图
plt.plot(x,y2)
plt.subplot(2,2,4)          # 从第二列角度来看是 2 行 2 列的第 4 个图
plt.plot(x,y3)
plt.show()
```

运行上述代码将弹出如图 10-20 所示的左倒"品"字形图表窗口。

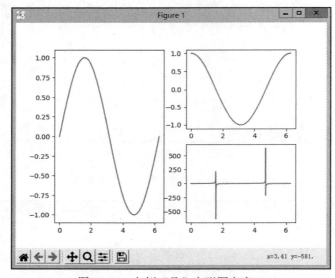

图 10-20　左倒"品"字形图表窗口

10.5　精彩案例

【例 10-1】编写程序，爬取国内某城市肯德基餐厅分布的数据信息。首先访问肯德基官网 http://www.kfc.com.cn，观察要爬取的数据的特征，通过抓包工具获得查询时请求的 url，url="http://www.kfc.com.cn/kfccda/ashx/GetStoreList.ashx?op=keyword"。

程序代码如下：

```python
import requests
# 通过抓包工具获得查询时请求的 url
url="http://www.kfc.com.cn/kfccda/ashx/GetStoreList.ashx?op=keyword"
city=input("请输入城市: ")
```

```
data={
    'cname':'',
    'pid':'',
    'keyword':city,
    'pageIndex':1,
    'pageSize':'10',
}
# 处理 POST 请求携带的参数
response=requests.post(url=url,data=data).json()
# 发起 POST 请求
for res in response["Table1"]:
    # 获得响应内容，即门店所在地和具体地址，响应内容为 json 串
    detail_dict={
      "门店":res["storeName"],
      "地址":res["addressDetail"]
    }
    print(detail_dict)
```

运行上述代码并按下面的内容输入，输出结果如下。

```
请输入城市：保定
{'门店': '保定站', '地址': '阳光南大街 519 号保定火车站'}
{'门店': '保定涞水百里峡餐厅', '地址': '涞水县三坡镇苟各庄村百里峡景区商业街与百里峡大道交叉口东南角第一栋第一层'}
{'门店': '保定涞水百里峡甜品站', '地址': '涞水县三坡镇苟各庄村百里峡景区商业街向南行景区入口（售票处北侧）'}
{'门店': '保定安新双隆餐厅', '地址': '安新镇雁翔东路北侧双隆商厦 1 层（8 号门店）'}
{'门店': '保定帕克', '地址': '北二环路 999 号钟楼 Park3.1 一层 129-2#商铺'}
{'门店': '保定未来石万达', '地址': '东三环西、七一路北侧未来石万达广场 6 号门 1001 号商铺'}
{'门店': '保定惠友十方外卖点', '地址': '建华南大街 789 号惠友购物广场一层肯德基'}
{'门店': '保定保师附小餐厅', '地址': '市辖区复兴中路 955-30 号商铺（京南一品东门北侧）'}
{'门店': '保定容城双隆餐厅', '地址': '古城路 18 号双隆商厦一层'}
{'门店': '保定容城双隆餐厅', '地址': '古城路 18 号双隆商厦一层'}
```

以上显示的是保定市肯德基门店及地址的第一页信息，读者可以尝试修改程序输出所有的门店及地址。

【例 10-2】用 numpy 数组生成自变量 x，构造一个一元二次方程和一个一元三次方程，并在图中表示出来，要求两个图形在图中有所区分。

程序代码如下：

```
import matplotlib.pyplot as plt
import numpy as np
plt.rcParams['font.sans-serif'] = [u'SimHei']
plt.rcParams['axes.unicode_minus'] = False
x1=np.random.randint(-5,10,10)
y1=x1*2+2
x2=np.linspace(-4,9,2)
y2=x2*3-9
plt.plot(x1,y1,color='g',ls='-',label='$y=x^2+2$')
```

```
plt.plot(x2,y2,color='r',ls='-.',label='$y=x^3-9$')
plt.title('关于 x 的方程')
plt.xlabel('x')
plt.ylabel('y')
plt.legend()
plt.show()
```

运行上述代码将弹出如图 10-21 所示的折线图窗口。

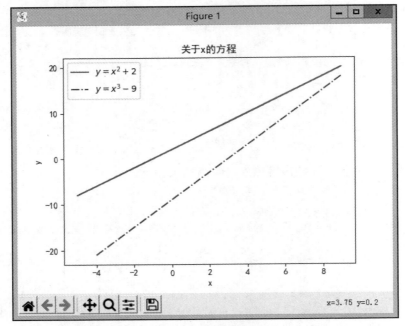

图 10-21　折线图窗口

在上例中，由于图例中包含了 x^2 和 x^3，本例通过 LaTeX 语法对 label 进行了设置，LaTeX 文本以"$"开始和结束，中间文本使用 LaTeX 语法即可，如本例中的 x^2 和 x^3 分别表示 x^2 和 x^3。

【例 10-3】根据给出的数据统计某城市上半年旅游人数中城市人口和城镇人口数量并绘制柱状图进行对比。城市人口 1～6 月的旅游人数分别为 90 万、79 万、55 万、80 万、90 万、83 万。城镇人口 1～6 月的旅游人数分别为 40 万、37 万、29 万、41 万、20 万、29 万。

程序代码如下：

```
from matplotlib import pyplot as plt
import numpy as np
plt.rcParams['font.sans-serif'] = [u'SimHei']
plt.rcParams['axes.unicode_minus'] = False
month=np.arange(1,7)                    # 由 np.arange()函数生成 1~6 表示月份
city=[90,79,55,80,90,83]
town=[40,37,29,41,20,29]
width=0.4                               # 设置柱状图中矩形的宽度
# 设置分组柱状图，通过"month-0.2"和"month+0.2"来设置城市人口和城镇人口柱状图的位置
```

```
plt.bar(month-0.2,city,width,color='#9E9E9E',label='城市人口')
plt.bar(month+0.2,town,width,color='#6F6F6F',label='城镇人口')
plt.xlabel('月份/月')
plt.ylabel('人口数量/万')
plt.legend()
plt.show()
```

运行上述代码将弹出如图 10-22 所示的柱状图窗口。

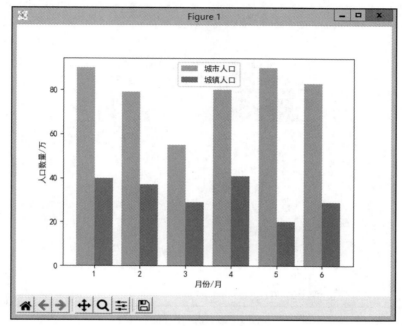

图 10-22　柱状图窗口

【例 10-4】对某地 29 万名大学生考研原因的调查结果显示，其中有 12 万人是为了工作和生活考研，有 6 万人是为了科研而考研，有 1 万人随波逐流，有 4 万人是因为父母的要求而考研，还有 1 万人不知道自己为什么考研，此外的 5 万人出于其他原因选择考研。请根据以上数据绘制饼状图。

程序代码如下：

```
import matplotlib.pyplot as plt
plt.rcParams['font.sans-serif'] = [u'SimHei']
plt.rcParams['axes.unicode_minus'] = False
slice=[12,6,1,4,1,5]                         # 确定各部分值，系统将自动分配百分比
reasons=['工作和生活','科研目的','随波逐流','父母要求','不知道','其他']
colors= ['#DFDFDF','#CFCFCF','#BFBFBF','#AFAFAF','#9F9F9F','#7F7F7F']
plt.pie(slice,
        labels=reasons,                      # 设置标签
        colors=colors,
        startangle=180,
        shadow=False,                        # 未设置阴影
        explode=(0.1,0,0,0,0,0),             # 将"工作和生活"部分与其他部分分离开
        autopct='%.1f%%')                    # 显示百分比
```

```
plt.title('大学生考研原因统计')
plt.show()
```

运行上述代码将弹出如图 10-23 所示的饼状图窗口。

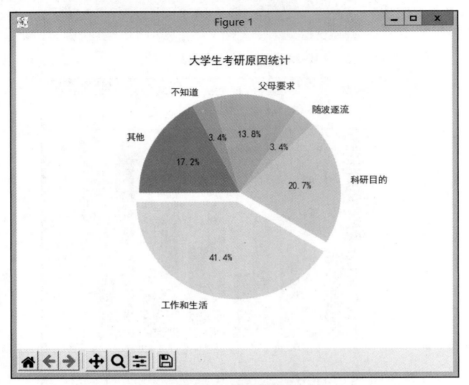

图 10-23　饼状图窗口

本章小结

本章主要介绍了 Python 常用的 3 个第三方库：网络访问 requests 库、数学运算 numpy 库和绘图 matplotlib 库。

requests 库通过 get()函数和 post()函数向服务器发送请求并返回 Response 对象，通过 Response 对象的 encoding 属性可以设置返回内容的编码，通过 status_code 属性可以获取连接状态值，通过 text 属性可以获取返回文字内容。requests 库是编写网络爬虫工具必不可少的第三方库。

numpy 库主要是科学计算中常用的第三方库。本章主要介绍了多维数组的生成、转换、数学运算，以及一些统计运算。通过 numpy 数组运算可以简化大量的、复杂的数学运算。

matplotlib 库是 Python 中用于绘图的第三方库，本章介绍了正确显示中文的方法、绘图的相关函数、不同绘图函数的使用及多个子图的绘制方法。matplotlib 库是科学绘图的利器。

通过本章的学习，读者应该熟练掌握 3 个第三方库的基本使用方法，并能够基于本书案例做出更复杂的应用。

习题

一、简答题

1. 简述如何下载、卸载和更新第三方库。
2. 简述 requests 库、numpy 库、matplotlib 库各自的功能。
3. 使用 numpy 库创建数组的常见函数有哪些？

二、编程题

1. 请在 Web Xml 官网查找全国列车查询系统接口，并按以下接口参数输入值。

```
StartStation：起始站。
ArriveStation：终点站。
UserID：''。
```

请编写程序，让用户输入起始站和终点站，输出所有列车的车次、始发站、终点站、发车时间、到站时间及乘车时长。

2. 创建一个每一行元素都是从 0 到 4 的 5×5 的 numpy 矩阵。

3. 创建一个元素为从 10 到 49 的 ndarray 对象并输出，随后将所有位置的元素反转后再次输出。

4. 创建一个 5×3 的随机矩阵和一个 3×2 的随机矩阵，求矩阵积并输出。

5. 用数据集[1,10,6,9]绘制饼状图，并设置不同的颜色，显示百分比。

6. 在[5，10]内任取 6 个数，绘制 $y=\cos^2(x+1)$ 的函数，并给图表和坐标轴加上标题。

7. 绘制二元一次方程 $y=x^2+4x+4$ 的图形，要求坐标原点在图形中央。

8. 请编写代码绘制如图 10-24 所示的图表，利用 Latex 语法设置 plot 的 label 参数，可以在图例中显示特殊字符，如本例中的 plt.plot(x,y,label='$y=x^2$')表示将图例设置为 $y=x^2$，读者可以设置更复杂的函数，并在图例中显示出来。

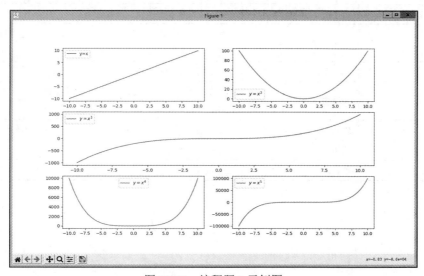

图 10-24　编程题 8 示例图

附录 A

Python 常见的异常错误列表

异常类型	说明	异常原因
AssertionError	断言异常	断言条件没有得到满足
AttributeError	属性错误	错误书写类的属性名
FileNotFoundError	文件不存在	访问了不存在的的文件
ImportError	导入错误	无法导入模块或对象，主要是路径错误或名称错误
IndentationError	缩进错误	代码缩进格式不正确，如缩进空格个数不一致或应该缩进的地方没有缩进
IndexError	索引错误	当访问列表的索引超出列表范围时会发生这个错误
IOError	输入/输出错误	无法打开文件
KeyError	键错误	当使用不存在的键访问字典时会发生这个错误
ModuleNotFoundError	模块不存在	这种报错常见于两种场景，第一种是未下载、安装该模块；第二种是调用的模块路径与被调用的模块路径不一致
NameError	名字错误	调用了未定义的变量、函数名
SyntaxError	语法错误	用 Python 关键字命名变量，使用中文符号，运算符、逻辑运算符等使用不规范会发生这个错误
TabError	Tab 错误	缩进时 Tab 键和空格键混用
TypeError	类型错误	整数和字符串不能连接操作或调用函数的时候参数的个数不正确
UNboundLocalError	未初始化本地变量错误	如果对未声明的全局变量进行修改操作，则会遇到这个错误
ValueError	值错误	函数参数是无效的
ZeroDivisionError	被零除	除数为 0

常用标准库和第三方库

1. 分发（打包为可执行文件以便分发）

PyInstaller	将 Python 程序转换成独立的可执行文件（跨平台）
cx_Freeze	将 Python 程序转换成带有一个动态链接库的可执行文件
Nuitka	将脚本、模块、包编译成可执行文件或扩展模块
py2app	将 Python 脚本转换成独立软件包（MacOS）
py2exe	将 Python 脚本转换成独立软件包（Windows）
pynsist	一个用来创建 Windows 安装程序的工具，可以在安装程序中打包 Python 本身

2. 交互式解析器（交互式 Python 解析器）

iPython	功能丰富的工具，可以非常有效地使用交互式 Python
bPython	界面丰富的 Python 解析器
ptPython	高级交互式 Python 解析器，构建于 Python-prompt-toolkit 之上

3. 文件（文件管理和 MIME 类型检测）

aiofiles	基于 asyncio，提供文件异步操作
imghdr	（Python 标准库）检测图片类型
mimetypes	（Python 标准库）将文件名映射为 MIME 类型
path.py	对 os.path 进行封装的模块
Python-magic	文件类型检测的第三方库 libmagic 的 Python 接口
Unipath	用面向对象的方式操作文件和目录
watchdog	管理文件系统事件的 API 和 shell 工具

4. 日期和时间（操作日期和时间的类库）

arrow	Python 操作日期和时间的类库
dateutil	Python 标准包 datetime 的扩展

5. 文本处理（用于解析和操作文本的库）

thefuzz	模糊字符串匹配
Levenshtein	快速计算编辑距离和字符串的相似度
pypinyin	汉字拼音转换工具 Python 版
shortuuid	一个生成器库，用于生成简洁的、明白的、URL 安全的 UUID
simplejson	Python 的 json 编码、解码器
xpinyin	一个用于把汉字转换为拼音的库
flashtext	一个高效的文本查找替换库
textdistance	支持 30 多种算法来计算序列之间的距离
phonenumbers	解析、格式化、存储、验证电话号码
Pygments	通用语法高亮工具
sqlparse	一个无验证的 SQL 解析器

6. 特殊文本格式处理（一些用来解析和操作特殊文本格式的库）

tablib	一个用来处理表格数据的模块
Marmir	把输入的 Python 数据结构转换为电子表单
openpyxl	一个用来读写 Excel2010 xlsx/xlsm/xltx/xltm 文件的库
pyexcel	一个提供统一 API，用来读写、操作 Excel 文件的库
Python-docx	读取、查询和修改 Microsoft Word2007/2008docx 文件
Python-pptx	可用于创建和修改 ppt 文件的 Python 库
relatorio	模板化 OpenDocument 文件
unoconv	在 LibreOffice/OpenOffice 支持的任意文件格式之间进行转换
XlsxWriter	一个用于创建 Excel.xlsx 文件的 Python 模块
xlwt/xlrd	读写 Excel 文件的数据和格式信息
PDFMiner	一个用于从 PDF 文档中抽取信息的工具
PyPDF2	一个可以分割、合并和转换 PDF 页面的库
ReportLab	快速创建富文本 PDF 文档
Mistune	快速并且功能齐全的纯 Python 实现的 Markdown 解析器
PyYAML	Python 版本的 YAML 解析器
csvkit	用于转换和操作 CSV 的工具
unp	一个用来方便解包归档文件的命令行工具

7. 自然语言处理（用来处理人类语言的库）

NLTK	一个先进的平台，用于构建处理人类语言数据的 Python 程序
gensim	人性化的话题建模库
jieba	中文分词工具
langid.py	独立的语言识别系统
Pattern	Python 网络信息挖掘模块
SnowNLP	一个用来处理中文文本的库
TextBlob	为进行普通自然语言处理任务提供一致的 API

TextGrocery	一个简单高效的短文本分类工具，基于 LibLinear 和 Jieba
thulac	由清华大学自然语言处理与社会人文计算实验室研制推出的一套中文词法分析工具包
polyglot	支持数百种语言的自然语言处理管道
pytext	基于 PyTouch 的自然语言模型框架
PyTorch-NLP	一个支持快速深度学习 NLP 原型研究的工具包
spacy	Python 和 Cython 中用于工业级自然语言处理的库
Stanza	斯坦福 NLP 集团的官方 Python 库，支持 60 多种语言
funNLP	中文自然语言处理的工具和数据集
pkuseg-Python	一个支持对不同领域进行中文分词的工具箱

8. 配置（用来保存和解析配置的库）

config	logging 模块作者写的分级配置模块
ConfigParser	（Python 标准库）INI 文件解析器
profig	通过多种格式进行配置，具有数值转换功能

9. 图像处理（用来操作图像的库）

pillow	pillow 是一个更加易用版的 PIL
hmap	图像直方图映射
imgSeek	一个使用视觉相似性搜索一组图片集合的项目
nude.py	裸体检测
Python-barcode	不借助其他库在 Python 程序中生成条形码
pygram	类似 Instagram 的图像滤镜
Python-qrcode	一个纯 Python 实现的二维码生成器
Quads	基于四叉树的计算机艺术
scikit-image	一个用于（科学）图像处理的 Python 库
face_recognition	简单易用的 Python 人脸识别库

10. OCR（光学字符识别库）

pyocr	Tesseract 和 Cuneiform 的一个封装
pytesseract	Google Tesseract OCR 的一个封装

11. 音频（用来操作音频的库）

audiolazy	Python 的数字信号处理包
audioread	交叉库（GStreamer+Core Audio+MAD+FFmpeg）音频解码
eyeD3	一个用来操作音频文件的工具，具体来讲就是包含 ID3 元信息的 MP3 文件
id3reader	一个用来读取 MP3 元数据的 Python 模块
m3u8	一个用来解析 m3u8 文件的模块
tinytag	一个用来读取 MP3、OGG、FLAC，以及 Wave 文件音乐元数据的库
mingus	一个高级音乐理论和曲谱包，支持 MIDI 文件和回放功能
kapre	Keras 音频处理器
librosa	音频音乐分析 Python 库

pyAudioAnalysis	音频特征提取、分类、分段和应用

12．Video（用来操作视频和 GIF 的库）

moviepy	一个基于脚本的视频编辑模块，适用于多种格式
scikit-video	SciPy 视频处理常用程序
vidgear	强大的多线程视频处理框架

13．HTTP（使用 HTTP 的库）

aiohttp	基于 asyncio 的异步 HTTP 网络库
requests	人性化的 HTTP 请求库
grequests	requests 库+gevent，用于异步 HTTP 请求
httplib2	全面的 HTTP 客户端库
treq	类似于 requests 的 Python API，构建于 Twisted HTTP 客户端之上
urllib3	一个具有线程安全连接池，支持文件 post，清晰友好的 HTTP 库
httpx	下一代 Python HTTP 客户端

14．WebSocket（WebSocket 相关库）

autobahn-Python	适用于 Twisted 和 asyncio 的 Python WebSocket 和 WAMP
channels	开发者友好的 Django 异步工具
websockets	用于构建 WebSocket 服务器和客户端的库，着重于正确性和简单性

15．HTML 处理（处理 HTML 和 XML 的库）

BeautifulSoup	以 Python 风格的方式来对 HTML 或 XML 进行迭代、搜索和修改
bleach	一个基于白名单的 HTML 清理和文本链接库
cssutils	一个 Python 的 CSS 库
html5lib	一个兼容标准的 HTML 文档和片段解析及序列化库
lxml	一个非常快速、简单易用、功能齐全的库，用来处理 HTML 和 XML
MarkupSafe	为 Python 实现 XML/HTML/XHTML 标记安全字符串
pyquery	一个解析 HTML 的库，类似于 jQuery
requests-html	人性化的、Pythonic 的 HTML 解析库
untangle	将 XML 文档转换为 Python 对象，使其可以方便地访问
xhtml2pdf	将 HTML/CSS 转换为 PDF 的工具
xmltodict	像处理 json 一样处理 XML
WeasyPrint	用于 HTML 和 CSS 的可视化呈现引擎，并可以导出为 PDF
xmldataset	简单 XML 解析

16．HTML 处理（爬取网络站点的库）

Scrapy	一个快速高级的屏幕爬取及网页采集框架
ScrapydWeb	一个用于 Scrapyd 集群管理的全功能 webUI，支持 Scrapy 日志分析和可视化、自动打包、定时器任务和邮件通知等特色功能
cola	一个分布式爬虫框架
Demiurge	基于 PyQuery 的爬虫微型框架

feedparser	通用 feed 解析器
Grab	站点爬取框架
MechanicalSoup	用于自动和网络站点交互的 Python 库
portia	Scrapy 可视化爬取
pyspider	一个强大的爬虫系统
RoboBrowser	一个简单的、Python 风格的库，用来浏览网站，而不需要一个独立安装的浏览器

17.　网页内容提取（用于进行网页内容提取的库）

Haul	一个可以扩展的图像爬取工具
html2text	将 HTML 转换为 Markdown 格式文本
lassie	人性化的网页内容检索库
micawber	一个小型网页内容提取库，用来从 URL 中提取富内容
newspaper	使用 Python 进行新闻提取、文章提取和内容策展
opengraph	一个用来解析开放内容协议（Open Graph Protocol）的 Python 模块
goose3	HTML 内容/文章提取器（Python3）
sumy	一个为文本文件和 HTML 页面进行自动摘要的模块
textract	从任何格式的文档中提取文本，Word、PowerPoint、PDF 等等

18.　并发和并行（用于进行并发和并行操作的库）

multiprocessing	（Python 标准库）基于进程的线程接口
threading	（Python 标准库）更高层的线程接口
eventlet	支持 WSGI 的异步框架
gevent	一个基于协程的 Python 网络库，使用 greenlet
Tomorrow	用于产生异步代码的神奇的装饰器语法实现
uvloop	在 libuv 之上超快速实现 asyncio 事件循环
concurrent.futures	（Python 标准库）异步执行可调用对象的高级接口
gevent	使用 greenlet 且基于协程的 Python 网络库
scoop	支持在 Python 中进行可伸缩并行操作

19.　网络（用于网络编程的库）

asyncio	（Python 标准库）异步 I/O 库，用来编写并发协程，适用于 I/O 阻塞且需要大量并发的场景，例如爬虫和文件读写
trio	异步并发和 I/O 友好的库
Twisted	一个事件驱动的网络引擎
pulsar	事件驱动的并发框架
diesel	基于 Greenlet 的事件 I/O 框架
pyzmq	一个 ZeroMQ 消息库的 Python 封装
Toapi	一个轻巧的、简单的、快速的 Flask 库，致力于为所有网站提供 API 服务
txZMQ	基于 Twisted 的 ZeroMQ 消息库的 Python 封装

20.　图形用户界面（用来创建图形用户界面程序的库）

curses	内建的 ncurses 封装，用来创建终端图形用户界面

enaml	使用类似于 QML 的 Declaratic 语法来创建美观的用户界面
kivy	一个用来创建自然用户交互（NUI）应用程序的库，可以运行在 Windows、Linux、MacOSX、Android，以及 iOS 平台上
pyglet	一个 Python 的跨平台窗口及多媒体库
PyQt	跨平台用户界面框架 Qt 的 Python 绑定，支持 Qtv4 和 Qtv5
PySide	跨平台用户界面框架 Qt 的 Python 绑定，支持 Qtv4
Tkinter	Tkinter 是 Python GUI 的一个事实标准库
Toga	一个 Python 原生的、操作系统原生的 GUI 工具包
urwid	一个用来创建终端 GUI 应用的库，支持组件、事件和丰富的色彩等
wxPython	wxPython 是 wxWidgets C++类库和 Python 语言混合的产物
PyGObject	GLib/GObject/GIO/GTK+(GTK+3)的 Python 绑定
Flexx	一个纯 Python 编写的用来创建 GUI 程序的工具集，使用 web 技术进行界面的展示
PySimpleGUI	tkinter、Qt、WxPython 和 Remi 的封装
pywebview	围绕网页视图组件的轻量级跨平台的原生包装
DearPyGui	一个简单的、可使用 GPU 加速的 Python GUI 框架

21．游戏开发（游戏开发库）

cocos2d	一个基于 MIT 协议的开源框架，用于构建游戏、应用程序和其他图形界面交互应用
panda3D	由迪士尼开发的 3D 游戏引擎，并由卡内基梅隆大学娱乐技术中心负责维护，使用 C++编写，针对 Python 进行了完全的封装
pygame	一组 Python 模块，用来编写游戏
pyOgre	Ogre3D 渲染引擎的 Python 绑定，可以用来开发游戏和仿真程序等任何 3D 应用
pyOpenGL	OpenGL 的 Python 绑定及其相关 APIs
pySDL2	SDL2 库的封装，基于 ctypes
renPy	一个视觉小说（visual novel）引擎
arcade	一个现代 Python 框架，用于制作具有引人入胜的图形与声音的游戏
harfang3D	支持 3D，VR 与游戏开发的 Python 框架

22．科学计算和数据分析（用来进行科学计算和数据分析的库）

astropy	一个天文学 Python 库
bcbio-nextgen	这个工具箱为全自动高通量测序分析提供符合最佳实践的处理流程
bccb	生物分析相关代码集合
BioPython	一组可以免费使用的、用来进行生物计算的工具
blaze	NumPy 和 Pandas 的大数据接口
cclib	一个用来解析和解释计算化学软件包输出结果的库
NetworkX	一个为复杂网络设计的高性能软件
Neupy	执行和测试各种不同的人工神经网络算法
NumPy	使用 Python 进行科学计算的基础包
Open Babel	一个化学工具箱，用来描述多种化学数据
Open Mining	使用 Python 挖掘商业情报（BI）（Pandasweb 接口）
orange	通过可视化编程或 Python 脚本进行数据挖掘、数据可视化、分析和机器学习

Pandas	提供高性能的、易用的数据结构和数据分析工具
PyDy	PyDy 是 PythonDynamics 的缩写,用来为动力学运动建模工作流程提供帮助,基于 NumPy、SciPy、IPython 和 matplotlib
PyMC	马尔科夫链蒙特卡洛采样工具
RDKit	化学信息学和机器学习软件
SciPy	用于由数学、科学和工程的开源软件构成的生态系统
statsmodels	统计建模和计量经济学
SymPy	一个用于符号数学的 Python 库
zipline	一个 Python 算法交易库
Bayesian-belief-networks	优雅的贝叶斯理念网络框架
AWS Data Wrangler	AWS 平台上使用的 Pandas
Optimus	在使用 PySpark 时,让敏捷数据科学工作流程变得简单
Colour	大量色彩理论转换和算法的实现
Karate Club	用于图形结构化数据的无监督机器学习工具箱
NIPY	神经影响学工具箱集合
ObsPy	地震学 Python 工具箱
QuTiP	Python 版 Quantum 工具箱
SimPy	一个基于过程的离散事件模拟框架

23．数据可视化（进行数据可视化的库）

matplotlib	一个 Python 2D 绘图库
bokeh	用 Python 进行交互式 web 绘图
ggplot	ggplot2 给 R 提供的 API 的 Python 版本
plotly	协同 Python 和 matplotlib 工作的 web 绘图库
pyecharts	基于百度 Echarts 的数据可视化库
pygal	一个 Python SVG 图表创建工具
pygraphviz	Graphviz 的 Python 接口
PyQtGraph	交互式实时 2D/3D/图像绘制及科学/工程学组件
vincent	把 Python 转换为 Vega 语法的转换工具
VisPy	基于 OpenGL 的高性能科学可视化工具
Altair	用于 Python 的声明式统计可视化库
bqplot	Jupyter Notebook 的交互式绘图库
Cartopy	具有 matplotlib 支持的 Python 制图库
diagrams	用图表作为代码
plotnine	基于 ggplot2 的 Python 图形语法
PyGraphviz	Graphviz 的 Python 接口
Seaborn	使用 matplotlib 进行统计数据可视化

24．计算机视觉（计算机视觉相关库）

OpenCV	开源计算机视觉库

pyocr	Tesseract 和 Cuneiform 的包装库
pytesseract	Google Tesseract OCR 的另一包装库
SimpleCV	一个用来创建计算机视觉应用的开源框架
EasyOCR	支持 40 多种语言的即用型 OCR
Face Recognition	简单的面部识别库
Kornia	PyTorch 的开源差异化计算机视觉库
tesserocr	兼容 Pillow 的 tesseract-ocr API 装饰器，可用于 OCR

25. 深度学习（神经网络和深度学习相关框架）

Caffe	一个 Caffe 的 Python 接口
Caffe2	一个轻量级的、模块化的、可扩展的深度学习框架
keras	以 tensorflow/theano/CNTK 为后端的深度学习封装库，可以快速编写神经网络代码
MXNet	一个高效和灵活的深度学习框架
Pytorch	一个具有张量和动态神经网络，并有强大 GPU 加速能力的深度学习框架
SerpentAI	游戏代理框架，可使用任意视频游戏作为深度学习沙箱
Theano	一个快速数值计算库
TensorFlow	谷歌开源的最受欢迎的深度学习框架
skflow	一个 TensorFlow 的简化接口（模仿 scikit-learn）
hebel	GPU 加速的深度学习库
pydeep	Python 深度学习库

26. 机器学习（机器学习相关库）

Crab	灵活的、快速的推荐引擎
NuPIC	智能计算 Numenta 平台
pattern	Python 网络挖掘模块
PyBrain	一个 Python 机器学习库
Pylearn2	一个基于 Theano 的机器学习库
Python-recsys	一个用来实现推荐系统的 Python 库
scikit-learn	基于 SciPy 构建的机器学习 Python 模块
vowpalporpoise	轻量级 VowpalWabbit 的 Python 封装
gym	开发和比较强化学习算法的工具包
H2O	开源的、快速的可扩展的机器学习平台
Metrics	机器学习的评估指标
MindsDB	MindsDB 是现有数据库的开源 AI 层，可以使用标准查询轻松地进行开发，训练和部署最新的机器学习模型